CADMOS HUNDEPRAXIS

So klappt's mit Kind und Hund

CAD OS
UND PRAXIS

Lesen
Lernen
Wissen

Dagmar Cutka

So klappt's mit Kind und Hund

Impressum

Copyright © 2009 by Cadmos Verlag, Brunsbek

Gestaltung: Ravenstein + Partner, Verden

Satz: Grafikdesign Weber, Bremen

Titelfoto: Christiane Slawik

Fotos im Innenteil: Christiane Slawik

Zeichnungen: Dr. Eva Polsterer

Lektorat: Maren Müller

Druck: Westermann Druck, Zwickau

ISBN: 978-3-86127-768-2

Inhalt

Gemeinsam durch dick und dünn.

Einleitung

„Kind von Hund gebissen." Immer wieder lesen wir solche Schlagzeilen in den Zeitungen. Was empfinden wir in diesem Moment?

Mitleid mit dem Kind? Wut auf den Hund? Unverständnis für den Hundebesitzer? Aber sind Hunde denn grundsätzlich eine Gefahr für Kinder? Sicher nicht! Leider bekommen wir meist nur die negativen Erlebnisse präsentiert, dabei könnten wir Bücher füllen mit den positiven. „Hund rettete Kind vor dem Ertrinken", „Hund fand Kind in den Trümmern eines Hauses", „Hund holte Hilfe, als Kind stürzte und bewusstlos wurde", um nur einige aufzuzählen. Denken Sie auch an die vielen Therapiehunde, die Einzigartiges leisten, indem sie Kinder mit körperlichen Einschränkungen im Alltag unterstützen.

Kinder lieben Hunde. Sie wünschen sich einen Freund, der mit ihnen durch dick und dünn geht und dem sie ihr ganzes Kinderherz anvertrauen können. Kind und Hund genießen die Nähe, die sie sich gegenseitig geben, und durch Vertrauen und Zuneigung entsteht eine Freundschaft der besonderen Art.

Kinder, die mit Hunden aufwachsen, sind aktiver und kontaktfreudiger als andere Kinder. Sie lernen früh, Verantwortung zu übernehmen, und erweitern dadurch ihre soziale Kompetenz. Sie langweilen sich weniger, was sie seltener zu Fernseh- oder Computerhockern werden lässt. Gründe genug, einen Hund in die Familie aufzunehmen oder Kindern wenigstens den Kontakt mit Hunden zu ermöglichen, wären da nicht die anfangs erwähnten Negativschlagzeilen, die uns zweifeln lassen.

Warum kommt es überhaupt zu Begegnungen zwischen Kind und Hund, die nicht gut ausgehen? Wenn Hunde gegenüber Kindern ein aggressives Verhalten zeigen, kann das die Folge falscher oder gar keiner Erziehung sein. Unfälle passieren aber oft auch deshalb, weil sich ein Hund durch unwissentlich falsches Verhalten eines Kindes bedroht fühlt. Das muss nicht sein! In diesem Buch möchte ich Ihnen zeigen, wie Sie Kindern spielerisch den richtigen und sicheren Umgang mit Hunden vermitteln können. Damit aus Kind und Hund dicke Freunde werden!

Ein Freund fürs Leben

„Ich hätte so gern einen Hund!" Fast jedes Kind wünscht sich das früher oder später, und auch ich machte da keine Ausnahme. Als ich acht Jahre alt war, erfüllten meine Eltern mir diesen Wunsch: Ein süßer Cockerspanielwelpe namens Sammy zog bei uns ein. Sammy wurde mein bester Freund, der mich überallhin begleitete und dem ich alles anvertrauen konnte. Begeistert half ich bei seiner Betreuung, und mit der Zeit verstand ich seine Sprache immer besser und erkannte, was er gerade brauchte. So lernte ich ganz nebenbei, Verantwortung zu übernehmen und auf die Bedürfnisse anderer einzugehen.

Wenn auch Sie Ihrem Kind den Wunsch nach einem Hund erfüllen möchten, sollten Sie Ihr Vorhaben zunächst einmal mit der ganzen Familie besprechen. Damit das „Projekt Hund" nicht schon bald Schiffbruch erleidet, sollten unbedingt alle Familienmitglieder damit einverstanden sein, ihr Leben zukünftig mit einem Vierbeiner zu teilen und einen Teil der Verantwortung zu übernehmen. Erklären Sie Ihrem Kind, dass ein Hund kein Spielzeug ist, das man einfach in die Ecke stellen kann, wenn man keine Lust mehr hat, sondern ein Lebewesen, um das man sich viele Jahre lang täglich kümmern muss. Seien Sie sich als Eltern aber bewusst, dass Sie das Miteinander von Kind und Hund stets begleiten müssen. Nur mit Ihrer Hilfe wird Ihr Kind lernen, die Sprache des Hundes zu verstehen, seine Bedürfnisse zu erkennen und zu respektieren. Es wird begreifen, dass es einen Hund nicht vermenschlichen, aber auch sich selbst nicht „verhundlichen" darf. Die Erziehung und Betreuung wird dennoch zu einem großen Teil in Ihrer Hand liegen – ein Kind kann das noch nicht allein übernehmen. Es sollte jedoch seinem Alter entsprechend eingebunden werden.

Ihr Kind wird in dem Hund in erster Linie einen Freund sehen, der immer für es da ist, mit dem es spielen und Spaß haben kann; unter der Voraussetzung, dass der Umgang miteinander von gegenseitigem Respekt geprägt ist, ist das auch vollkommen in Ordnung.

Gibt es den idealen Kinderhund?

Viel besser wäre die Fragestellung: „Wie wird der Hund kinderlieb?" Kein Hund wird als idealer Kinderhund geboren, aber jeder

Kinder können schon von klein auf bei der Pflege des Hundes mithelfen.

„So süß der Hund auch ist – überlegen Sie vor dem Kauf gemeinsam, ob er wirklich in Ihre Familie passt.

Hund kann lernen, Kinder zu mögen. Ob ein Hund ein liebevoller Begleiter für Ihr Kind sein kann, hängt nicht von der Rasse ab, sondern davon, ob er von klein auf an den Umgang mit Kindern gewöhnt wird und keine schlechten Erfahrungen mit ihnen macht.

Welcher Hund passt in unsere Familie?

Das bedeutet nun aber nicht, dass es ganz egal ist, welcher Hund bei Ihnen einzieht. Setzen Sie sich mit der ganzen Familie zusammen und überlegen Sie gemeinsam, welche Rassen infrage kommen. Nehmen Sie sich unbedingt viel Zeit für die Auswahl des Hundes und lassen Sie sich nicht von Äußerlichkeiten leiten. Kaufen Sie einen Hund keinesfalls nur deshalb, weil Ihr Kind ihn doch so süß findet. Gerade Kinder tendieren oft zu den sogenannten Modehunden, die in Filmen und Werbung als die perfekten Familienhunde dargestellt werden. Bedenken Sie: Auch Golden Retriever und Co. kommen nicht als liebevolle Kinderhunde auf die Welt.

Genau wie jeder andere Hund müssen sie entsprechend erzogen und an Kinder gewöhnt werden.

Informieren Sie sich gut, für welche Aufgaben Ihre Wunschrasse ursprünglich gezüchtet wurde, denn jede Rasse hat ganz besondere Eigenschaften und Bedürfnisse. Das gilt im Übrigen auch für Mischlinge, in denen sich die Merkmale mehrerer Rassen vereinen. Überlegen Sie genau, ob der Hund zu Ihrem Lebensstil und zu Ihren Kindern passt und ob Sie ihn artgerecht beschäftigen können, um ihn geistig und körperlich auszulasten.

Bei der Auswahl der geeigneten Rasse oder des geeigneten Mischlings spielt es auch eine Rolle, ob Sie und Ihre Familie bereits Erfahrung mit Hunden haben oder ob es Ihr erster Hund sein wird. Ist Letzteres der Fall, sollten Sie sich für eine der Rassen entscheiden, die als relativ leicht erziehbar gelten.

 *Tipp*

Bei der Auswahl Ihres Familienhundes sollten Sie darauf achten, dass die gewünschte Rasse eine hohe Reizschwelle hat und nicht als nervös oder lärmempfindlich gilt.

Eine grundlegende Entscheidung ist es, ob Sie einen Welpen aufziehen wollen oder lieber einem älteren Hund ein neues Zuhause geben möchten. Wenn es ein Welpe sein soll, dann bitte nur von einem verantwortungsbewussten Züchter. Eine gute Zuchtstätte erkennen Sie unter anderem daran, dass alle Hunde im Haus leben und nicht etwa in einem Zwinger. So gewöhnen sich die Welpen von klein auf an alle erdenklichen Dinge, die ihnen im Alltag begegnen können.

Besuchen Sie mit Ihrem Kind mehrere Züchter und fragen Sie diesen auch ruhig Löcher in den Bauch. Erkundigen Sie sich insbesondere nach der Sozialisation der Welpen mit Kindern. Günstigstenfalls leben die Welpen bereits in der Familie des Züchters mit Kindern zusammen und konnten von Anfang an gute Erfahrungen mit ihnen sammeln.

Wenn Sie lieber einen älteren Hund zu sich nehmen möchten, sollten Sie ebenfalls genau hinsehen. Besonders bei Hunden aus dem Tierheim ist Vorsicht angebracht, weil dort oftmals auch schwierige Hunde und Hunde, deren Vorgeschichte nicht bekannt ist, auf ein neues Zuhause warten. Holen Sie verlässliche Informationen ein und nehmen Sie Ihr Kind unbedingt mit. Machen Sie mit dem Hund, den Sie gern haben möchten, einen kleinen Spaziergang, um zu sehen, wie er auf Ihr Kind reagiert. So beugen Sie Problemen vor, die sich sonst eventuell erst zu Hause in der Familie zeigen würden, und ersparen dem Hund das Leid, wieder ins Tierheim zurückzumüssen.

Möchten Sie einen kleinen, einen mittelgroßen oder einen großen Hund? Ob klein oder groß, jeder Hund muss konsequent erzogen und ausreichend geistig und körperlich beschäftigt werden. Kleine Hunde sind allerdings oft unsicherer als große Hunde und fühlen sich schneller von einem Kind bedrängt oder bedroht, weil schon ein Kleinkind um einiges größer ist als sie selbst.

Machen Sie sich auch Gedanken über die Fellbeschaffenheit des neuen Familienmitglieds. Können Sie mit Haaren im ganzen Haus leben, oder soll es lieber eine Rasse sein, die nur wenig haart? Wie viel Zeit wollen und können Sie in die Fellpflege investieren? Langhaarige Hunde müssen täglich gebürstet werden, und bei manchen Rassen steht regelmäßig ein Haarschnitt an.

Alle zuvor genannten Hinweise können nur erste Anhaltspunkte sein, mehr würde den Rahmen dieses Buches sprengen. Im Anhang finden Sie Literaturtipps, die Ihnen bei der Suche nach dem geeigneten Hund weiterhelfen.

So wird ein Hund kinderlieb

Die Sozialisation eines Hundes beginnt schon bei seiner Geburt. Den Grundstein für die Kinderfreundlichkeit legt also, wie im vorigen Kapitel bereits beschrieben, der Züchter. Ist Ihr neues Familienmitglied dann bei Ihnen eingezogen, sind Sie selbst für dessen weitere Entwicklung verantwortlich.

Gönnen Sie dem Neuankömmling zunächst einmal etwas Ruhe und muten Sie ihm nicht zu viel auf einmal zu. Ihr Kind sollte den Welpen am ersten Tag nur kurz begrüßen und ihn nicht gleich die ganze Zeit für sich in Anspruch nehmen. Das gilt auch für einige weitere Tage. Nach etwa einer Woche können Sie damit beginnen, den kleinen Hund mit verschiedensten Kindern aller Altersstufen bekannt zu machen. Dies muss allerdings mit Ruhe und Schritt für Schritt geschehen. Würden nämlich viele Kinder auf einmal auf den Kleinen einstürmen, die ihn alle gleichzeitig streicheln und hochheben wollen, wäre der Welpe damit vollkommen überfordert, und es könnte sein, dass er Kinder fortan meidet.

Gerade in der ersten Zeit wird Ihr Kind seinen Welpen voller Stolz allen Freunden zeigen wollen. Sie müssen es in seiner Begeisterung ein wenig bremsen: Am besten lädt es immer nur einen Freund oder eine Freundin auf einmal ein. So kann der Welpe ohne Stress mit dem ihm unbekannten Kind Kontakt aufnehmen.

 Tipp

Konfrontieren Sie den Welpen bitte nicht täglich mit einem anderen Kind, sondern geben Sie ihm bis zum nächsten Kinderbesuch immer einige Tage Zeit, um wieder zur Ruhe zu kommen.

Behalten Sie Kinder und Hund immer im Auge, um bei Bedarf rechtzeitig eingreifen zu können. Auf keinen Fall sollte ein Welpe gleich in den ersten Wochen und Monaten schlechte Erfahrungen mit Kindern machen. Sein Vertrauen zu Kindern würde dadurch zerstört, und es würde sehr viel Zeit und Geduld in Anspruch nehmen, dieses wiederherzustellen.

Fördern Sie bei Ihrem Welpen unbedingt das Erlernen der sogenannten Beißhemmung. Junge Hunde wissen nämlich nicht von Geburt an, wie stark sie ihre Zähne im Spiel mit Artgenossen oder mit Menschen einsetzen dürfen. Welche Bissstärke akzeptiert wird, lernen sie durch Ausprobieren. Ihr Welpe hat die Beißhemmung bereits in den ersten Wochen mit seinen Geschwistern „trainiert", und Sie müssen das Training nun fortführen. Beißt ein Welpe im Spiel mit seinen Geschwistern zu fest zu, dann schreit der gebissene Spielpartner auf und bricht das Spiel sofort ab. So lernt der grobe Welpe, dass zu

*So ist es in Ordnung.
Der Welpe berührt
das Kind nur sanft
mit seinen Lippen
und seiner Zunge.*

festes Zubeißen das schöne Spiel beendet, und er wird vorsichtiger. Beim Spiel mit Menschen gilt dasselbe: Wird der Kleine grob, wird das Spiel sofort unterbrochen. Ihr Welpe darf Sie und Ihr Kind nur mit den Lippen oder der Zunge berühren und nicht mit seinen Zähnen.

Auch bei älteren Hunden, deren Sozialisation mit Kindern versäumt wurde, lässt sich noch vieles nachholen. Dazu sind jedoch viel Zeit, Geduld und Erfahrung notwendig. In diesem Fall sollten Sie unbedingt, wie bei allen Verhaltensproblemen, einen fachkundigen Hundetrainer um Rat bitten.

 *Wichtig*

Wenn Sie unsicher sind, ob Ihr Hund mit einer Situation zurechtkommt, versuchen Sie sich in seine Lage zu versetzen, und hören Sie auf Ihr Inneres. Sagt Ihnen Ihr Gefühl, dass dem Hund etwas zu viel oder gar unangenehm ist, sollten Sie es nicht zulassen. Nur wenn seine Bedürfnisse respektiert werden und man ihn nicht überfordert, kann er sich zu einem wesensstarken und freundlichen vierbeinigen Begleiter für Ihr Kind entwickeln. Ein Hund, der immer alles über sich ergehen lassen muss, wird nicht kinderlieb.

Bisher war der Hund die Nummer eins in Ihrem Leben. Wenn Sie ihn richtig darauf vorbereiten, wird es ihm aber nicht schwerfallen, Ihre Aufmerksamkeit mit einem Baby zu teilen.

Wenn der Hund zuerst da war

Sie haben bereits einen Hund, und jetzt ist ein Baby unterwegs? Dann beginnen Sie unbedingt schon während der Schwangerschaft damit, Ihren Hund auf den Neuankömmling vorzubereiten. Bisher war Ihr Hund die Nummer eins, und er muss nun langsam lernen, dass er Sie bald mit jemandem teilen muss. Wenn Sie ihm das auf angenehme Weise vermitteln, steht einem harmonischen Miteinander von Baby und Hund nichts im Weg. Voraussetzung ist allerdings, dass Ihr Hund grundsätzlich keine Probleme mit Kindern hat. Sollte das anders sein, müssen Sie auf jeden Fall mit einem Hundefachmann zusammenarbeiten.

Zum Üben brauchen Sie eine Puppe und einige ganz tolle Leckerlis. Tragen Sie die Puppe herum, setzen Sie sich damit auf das Sofa oder auf den Boden und lassen Sie Ihren Hund daran schnüffeln – er wird sicher neugierig sein und wissen wollen, was Sie da im Arm haben. Immer wenn er sich dem „Baby" von sich aus sanft und vorsichtig nähert, belohnen Sie ihn mit einem Leckerbissen. Nehmen Sie die Puppe auch jedes Mal auf den Arm, wenn Sie Ihren Hund füttern. So wird er die Puppe schon bald mit positiven Erlebnissen verbinden, und Sie können ganz nebenbei den Alltag mit Baby und Hund üben.

Wenn Freunde oder Bekannte gerade ein Baby haben, ist es eine gute Idee, sie einzuladen oder mit dem Hund zu besuchen, damit dieser sich an den Babygeruch gewöhnen kann. Beschäftigen Sie sich ruhig mit dem Baby, nehmen Sie es auf den Arm, aber streicheln oder füttern Sie dabei gleichzeitig Ihren Hund. Ist er sehr aufgeregt und versucht an Ihnen hochzuspringen, dann nehmen Sie ihn für ein paar Minuten an die Leine, bis er sich wieder beruhigt hat. Loben Sie ihn unbedingt für jede freundliche und vorsichtige Annäherung an das Baby.

Nehmen Sie eine CD mit Babygeschrei auf, die Sie öfter zu Hause abspielen, damit das Geräusch für Ihren Hund etwas Alltägliches wird und er später nicht jedes Mal aufschreckt, wenn das Baby schreit. Sobald Sie Ihren Kinderwagen zu Hause haben, nehmen Sie diesen mit zu Ihren Spaziergängen. Schnell wird Ihr Vierbeiner sich an das große rollende Ding gewöhnen, und auch Sie können das Handling mit Hund und dem Kinderwagen üben.

 Wichtig

Befestigen Sie die Leine niemals am Kinderwagen. Auch der artigste Hund zieht einmal an der Leine und könnte dadurch den Kinderwagen umwerfen.

Legen Sie fest, ob das zukünftige Kinderzimmer für den Hund tabu sein wird oder nicht. Falls ja, sollten Sie diese Tabuzone schon jetzt etablieren, damit der Hund die Zimmertür bereits als Grenze akzeptiert, wenn das Baby einzieht. Schöner ist es für ihn, wenn er auch hier mit dabei sein darf. Bringen Sie ihm dann aber bei, das Zimmer auf Ihre Anweisung hin zu verlassen.

 Tipp

Das Verlassen eines Raumes können Sie genauso trainieren, wie es im Kapitel „Leben mit Kindern und Hunden" für das Verlassen des Sofas beschrieben wird.

Sichern Sie die Zimmertür mit einem Kindergitter, so kann Ihr Hund Sie beobachten, wenn er einmal nicht mit hineindarf, und fühlt sich nicht ausgeschlossen. Das Gitter leistet auch später noch gute Dienste, wenn das Baby im Krabbelalter ist. Sie können es verwenden, um Hund und Kind voneinander zu trennen, damit das Tier seine Ruhephasen ungestört genießen kann.

Wenn es so weit ist und Mama und Baby die ersten Tage im Krankenhaus verbringen, kann Papa dem Hund eine volle Windel und einen getragenen Strampler mitbringen. Der Hund darf diese Dinge ausgiebig beschnuppern, wofür er freudig gelobt wird. Wenn Mama und Baby nach Hause kommen, erkennt er den Geruch des Neugeborenen wieder und hat ihn bereits positiv verknüpft.

Ihr Hund wird sein Frauchen schon sehr vermisst haben und sich darum umso mehr freuen, wenn die Familie wieder komplett ist. Geben Sie ihm die Gelegenheit für eine ausgiebige Begrüßung. Papa und Baby können solange draußen warten und erst einige Minuten später nachkommen. Dann sollte der Hund auch das Baby begrüßen dürfen. Dazu halten Sie es auf seine Augenhöhe und lassen es ihn ausgiebig beschnuppern. Bitte Lob und Streicheleinheiten nicht vergessen.

Jetzt beginnt der eigentliche Elternstress. Die Situation ist nicht nur für Ihren Hund neu, sondern auch für Sie. Der Tagesablauf mit dem Baby muss sich erst einspielen. Haben Sie kein schlechtes Gewissen, wenn sich die angestammten Fütterungs- und Spaziergangszeiten Ihres Hundes etwas verschieben. Er wird Ihnen deswegen nicht böse sein, und er hat mehr davon, wenn Sie sich verspätet, aber dafür in Ruhe um ihn kümmern, als wenn Sie ihn hastig füttern oder mal schnell eine kurze Gassirunde gehen.

 Wichtig

Vernachlässigen Sie Ihren Hund nicht. Reservieren Sie von Anfang an Spiel- und Kuscheleinheiten, in denen Sie sich ganz allein ihm widmen, damit Eifersucht gar nicht erst aufkommt. Lassen Sie ihn an allem teilhaben, was Sie mit dem Kind tun, und belohnen Sie jedes positive Verhalten.

Nun kommt auch die Zeit der Babybesucher. Für Ihren Hund ist das sehr aufregend. Er sollte immer mit dabei sein dürfen, damit er lernt, dass die Besuche normal sind und zum Alltag gehören und er nicht irgendwann glaubt, das Baby vor fremden Menschen beschützen zu müssen.

Sobald Ihr Baby ins Krabbelalter kommt, müssen Sie nicht mehr nur auf das Kind aufpassen, sondern auch Ihren Hund vor dem Kind schützen. Achten Sie von Anfang an darauf, dass der Hund in Ruhe gelassen wird, und greifen Sie sofort ein, wenn Sie bemerken, dass er sich gestört fühlt. Vom Schlafplatz des Hundes, seiner Futterschüssel und seinem Spielzeug müssen Sie Ihr Kind unbedingt fernhalten.

 Wichtig

Egal wie lieb und sanftmütig Ihr Hund ist – lassen Sie ihn nie allein mit Ihrem Baby in einem Raum.

Die Sprache der Kinder

Kinder sind impulsive kleine Menschen, die nicht nur verbal ihre Stimmungen ausdrücken, sondern bewusst oder auch unbewusst durch ihre Körpersprache. Gerade mit kleinen Kindern geht ihr Temperament manchmal durch. Rücksicht auf andere, seien es nun Menschen oder Hunde, kennen sie dann nicht mehr. Wenn sie sich freuen oder aufgeregt sind, laufen sie quietschend und polternd durchs Haus; geht etwas nicht nach ihrem Kopf, können sie richtig zornig werden, schreien und mit den Füßen aufstampfen; manchmal fliegt dann auch noch ein Spielzeug quer durch das Wohnzimmer. Ganz besonders turbulent wird es oft auch dann, wenn andere Kinder zu Besuch sind.

Ein Hund kann sich durch die oben beschriebenen Verhaltensweisen, vor allem durch die unkontrollierte Körpersprache, bedroht fühlen. In solchen Situationen müssen Sie eingreifen, um den Hund, aber auch das Kind oder die Kinder zu schützen. Gefährlich wird es, wenn der Hund versucht, sich zu verteidigen, oder wenn er bei einem Streit zwischen Ihrem Kind und einem fremden Kind Partei für sein „Rudelmitglied" ergreift.

Wichtig
Lassen Sie Kind und Hund niemals unbeaufsichtigt!
Die impulsive Körpersprache von Kindern kann auf Hunde bedrohlich wirken und sie zu Abwehrreaktionen veranlassen.

Streitende Kinder sind oft laut, und ihre Körpersprache ist unkontrolliert. Das kann einen Hund sehr verunsichern.

Nehmen Sie Kindern ihr Verhalten bitte nicht übel. Sie wissen noch gar nicht, dass es von Hunden als unangenehm empfunden wird. Zwar zeigen Hunde ihr Unbehagen auf ihre Weise deutlich, doch Kinder müssen erst lernen, auf die Sprache eines Hundes zu achten, Warnsignale zu deuten und entsprechend darauf zu reagieren. Dazu müssen sie sich jedoch zunächst einmal ihrer eigenen Körpersprache bewusst werden und verstehen, wie sie auf Hunde wirkt.

Lernspiel

Dieses Spiel zeigt Kindern, wie lautes, heftiges Streiten auf Hunde wirkt. Die Kinder sollten zu dritt sein.

Zwei Kinder simulieren einen Streit mit lauten Worten und Handgreiflichkeiten – wirklich wehtun sollen sie sich dabei natürlich nicht. Das dritte Kind beobachtet, wie der Hund auf den Streit reagiert, und merkt sich, was es gesehen hat. (Sie können es auch gemeinsam aufschreiben.) Dann tauschen die Kinder die Rollen, und wenn jedes einmal den Hund beobachtet hat, setzen Sie sich mit allen zusammen und besprechen das Erlebte. Sicher werden die Kinder bemerkt haben, dass der Hund sich während des Streits alles andere als wohlgefühlt hat, und wahrscheinlich wird es ihnen in ihrer Rolle als Beobachter des Streits selbst ähnlich ergangen sein.

Nach dem Spiel ist bestimmt allen Kindern klar geworden, dass Streit etwas sehr Unangenehmes für Mensch und Tier ist.

Die Sprache der Hunde

Hunde kommunizieren miteinander nur selten mittels ihrer Lautsprache, sondern viel mehr mittels ihrer Körpersprache. Auch gegenüber Menschen drücken sich Hunde hauptsächlich durch körpersprachliche Signale aus. Nur wenn wir Menschen diese nicht lesen können und deshalb auch nicht darauf reagieren, müssen Hunde deutlicher werden und gehen zu Lautäußerungen wie Knurren und Bellen über.

Damit Kinder ihren eigenen, aber auch einen fremden Hund besser verstehen, müssen sie die Sprache der Hunde lesen lernen. So können sie erkennen, ob eine Situation für den Hund angenehm oder unangenehm ist, ob er einfach nur gut drauf ist, vielleicht sogar spielen möchte oder ob er Angst hat oder sich bedroht fühlt.

 Wichtig

Gefahrensituationen und Unfälle werden vermieden, wenn Ihr Kind erkennt, ob ein Hund Angst hat oder droht, und weiß, dass es sich dann von ihm fernhalten muss. Eine Bewegung in Richtung Hund würde dieser nämlich als Bedrohung empfinden. Richtig ist es also, wenn das Kind sich vom Hund abwendet und langsam weggeht.

Gerade für kleinere Kinder ist das gar nicht so einfach, aber auch sie sind bereits in der Lage, einige besonders deutliche Signale zu erkennen. Am leichtesten fällt ihnen die Beurteilung der Rutenhaltung, denn die Rutenbewegungen kann man bei fast jedem Hund sehr gut sehen. Schon schwieriger ist es mit dem Ohrenspiel, vor allem bei schlappohrigen Hunden, aber mit ein bisschen Übung gelingt auch das.

Um die Körpersprache wirklich richtig deuten zu können, darf man sich jedoch nie auf nur ein Signal verlassen. Immer muss der ganze Hund betrachtet werden. Erst das Gesamtbild aus Körperhaltung, Rutenhaltung, Ohrenspiel und Gesichtsausdruck gibt Aufschluss darüber, was in dem Tier gerade vorgeht. Es ist wichtig, dass Ihr Kind das weiß und lernt, das Zusammenspiel der Signale richtig zu deuten und entsprechend Rücksicht auf die Bedürfnisse des Hundes zu nehmen.

Mithilfe der Zeichnungen im nachfolgenden Kapitel über die körpersprachlichen Signale können Sie Ihrem Kind zeigen, wie ein Hund aussieht, der entspannt ist und sich sicher fühlt, zum Spiel auffordert, Angst hat oder droht.

 Wichtig

Viele Eltern und Kinder glauben, dass ein schwanzwedelnder Hund immer ein freundlicher Hund ist. Vorsicht, dies ist ein großer Irrtum! Wedelt die Rute des Hundes mit hoher Geschwindigkeit, meist wackelt dabei auch das ganze Hinterteil mit, ist der Hund freundlich gestimmt. Fühlt sich der Hund bedroht oder droht selbst, wedelt er langsam, fast zuckend, verbunden mit einer angespannten, steifen Körperhaltung.

Wichtige körpersprachliche Signale

Sicher und entspannt

Fühlt sich ein Hund wohl, dann ist seine Körperhaltung aufrecht und seine Bewegungen wirken ruhig und harmonisch. Seine Muskeln sind entspannt, und die Rute hängt locker hinunter.

Das Maul ist entweder geschlossen oder leicht geöffnet, die Lefzen sind entspannt. Die Ohren befinden sich in ihrer natürlichen Stellung. Der gesamte Gesichtsausdruck wirkt freundlich.

Aufforderung zum Spiel

Will der Hund spielen, zeigt er das häufig durch die sogenannte Vorderkörpertiefstellung – die hundetypische Spielaufforderung. Der Brustkorb und die Vorderläufe samt Ellbogen berühren dabei den Boden, das Hinterteil wird nach oben gestreckt. Auch ein Hund, der ausgelassen herumspringt und mit seinem Schwanz so stark wedelt, dass sein ganzes Hinterteil wackelt, ist in Spiellaune.

Das Maul ist leicht geöffnet, die Mundwinkel sind nach hinten und leicht nach oben gezogen, der gesamte Gesichtsausdruck wirkt fröhlich. Manchmal bellen Hunde in Spiellaune kurz, hell und aufgeregt.

Angst

Ist der Hund unsicher oder hat er Angst, dann steht sein ganzer Körper unter Spannung, die Hinterbeine sind leicht eingeknickt und der Rücken ist rund. Der Hund duckt sich zusammen, sein Kopf ist gesenkt. Die Rute wird sehr tief getragen und manchmal sogar zwischen den Beinen eingeklemmt.

Die Ohren liegen eng am Kopf an, wobei die Ohrenspitzen in Richtung Rückgrat zeigen. Die Mundwinkel sind nach hinten gezogen, sodass man einen Teil der Zähne sehen kann. Die Augen sind oft weit aufgerissen, können aber durch das Nach-hinten-Ziehen der gesamten Gesichtspartie auch schmaler wirken.

Imponieren und Drohen

Will der Hund imponieren oder drohen, dann sind seine Muskeln angespannt und die Bewegungen wirken steif und verkrampft. Die Rute steht waagrecht nach hinten oder sogar nahezu senkrecht nach oben, manche Hunde bewegen ihn zudem noch langsam hin und her. Die Nacken- und Rückenhaare sind gesträubt, ähnlich einer Bürste.

Die Ohren stehen aufrecht (bei Hunden mit Schlappohren sieht man das allerdings nur andeutungsweise am Ohransatz) und sind nach vorn gerichtet. Mit den Augen fixiert der Hund sein Gegenüber. Um seiner Drohung mehr Nachdruck zu verleihen, zieht er seine Lefzen so weit hoch, dass man die Schneidezähne und Eckzähne sehen kann. Oft verstärkt auch ein Knurren die drohende Haltung.

Lernspiel

Ein Beobachtungsspiel hilft Kindern dabei, die Körpersprache der Hunde verstehen zu lernen. Spielen Sie das Spiel ruhig mit mehreren Kindern.

Setzen Sie sich alle an einen Tisch und warten Sie, bis Ruhe einkehrt und Ihr Hund einen entspannten und zufriedenen Eindruck macht. Dann bekommen alle die Aufgabe, seinen Augenausdruck, seine Lefzen und seine Ohren- und Rutenhaltung genau zu beschreiben. Die Kinder können auch Bilder davon malen. So lernen sie, wie ein entspannter Hund aussieht. Dadurch wird es ihnen später leichter fallen, Veränderungen zu erkennen, die beispielsweise Aufregung oder Ängstlichkeit ausdrücken oder zeigen, dass sich der Hund gerade nicht wohlfühlt. Die Kinder werden schnell Spaß daran finden, bei jeder Gelegenheit genau auf die Körperhaltung von Hunden zu achten und sich zu überlegen, was sie bedeutet.

Sie können auch die Zeichnungen aus diesem Buch kopieren, um das Beurteilen von Körperhaltung und Mimik zu üben. Zeigen Sie Ihrem Kind jeweils eines der Bilder und lassen Sie es erklären, was der abgebildete Hund sagen möchte und an welchem Körperteil es dies als Erstes erkannt hat. Als Variante kann Ihr Kind auch einen bestimmten Körperteil, beispielsweise die Rute, in all den abgebildeten Situationen vergleichen. Wie trägt der Hund seine Rute, wenn er entspannt ist, und wie, wenn er Angst hat?

Diese Spiele vermitteln Kindern mehr Verständnis für Hunde und damit mehr Sicherheit im alltäglichen Umgang mit ihnen.

Züngeln: Leckt sich ein Hund über die Schnauze, fühlt er sich nicht wohl. Auf dem Foto ist das Züngeln gut zu erkennen; in Wirklichkeit geschieht es aber so schnell, dass es Kinder meist nicht bemerken.

Erste Warnsignale

Fühlt sich ein Hund durch ein Kind gestört oder ist ihm das Spielen und Streicheln zu viel, wird er das durch die gleichen subtilen Signale ausdrücken, die er auch gegenüber einem Artgenossen zeigen würde – und das bereits lange bevor er, wie im vorherigen Kapitel gezeigt, offensiv droht. Er wird sich mit der Zunge über Nase und Fang lecken (man nennt das „züngeln"), gähnen, sich kratzen und seinen Kopf wegdrehen.

Nur wenn seine ersten Warnsignale nicht respektiert werden, wird er die Lefzen zurückziehen, knurren oder sogar in Richtung Kind schnappen. Ein Hund hat nun einmal keine Hände, mit denen er das Kind wegstoßen könnte, und er kann auch nicht sagen, dass es aufhören soll. Um sich zu wehren, hat er nur seine Zähne.

Da Kinder noch nicht in der Lage sind, die ersten Warnsignale eines Hundes zu

Kopf wegdrehen: Der Husky befindet sich in einer für ihn unangenehmen Situation und zeigt dies ganz deutlich durch Wegdrehen seines Kopfes.

Zähne zeigen und knurren: Diese deutliche Drohung erfolgt erst dann, wenn alle vorherigen Signale nicht beachtet wurden.

erkennen, ist es Ihre Aufgabe, Kind und Hund zu beobachten und dafür zu sorgen, dass der Hund in Ruhe gelassen wird, wenn er zeigt, dass er sich nicht mehr wohlfühlt.

 **Wichtig**

Verbieten Sie Ihrem Hund niemals das Knurren, denn Sie würden ihm damit das Warnen verbieten. Das könnte zur Folge haben, dass er ohne Vorwarnung zubeißt, wenn er sich bedrängt fühlt.

Beobachten Sie Kind und Hund aufmerksam, und greifen Sie frühzeitig ein, bevor sich der Hund zu einer deutlichen Warnung gezwungen sieht.

 Aus der Praxis

Vor einiger Zeit suchte eine Familie meinen Rat: Nachdem ihr einjähriger Rüde Ares ohne Vorwarnung nach einem der Kinder geschnappt und es dabei leicht verletzt hatte, dachte die Familie aus Angst vor Schlimmerem daran, den Hund wegzugeben. Bei dem Beratungsgespräch stellte sich heraus, dass Ares für das Anknurren der Kinder jedes Mal bestraft worden war. Damit hatte man ihm das Warnen verboten, weshalb er in für ihn unangenehmen Situationen keinen anderen Ausweg mehr sah, als sofort zuzuschnappen.

Alle Familienmitglieder lernten nun, Ares genauer zu beobachten, erste Warnsignale zu erkennen und zu respektieren. Durch geduldiges Training und mehr Rücksichtnahme entwickelte sich Ares wieder zu einem freundlichen Spielgefährten der Kinder.

So soll es sein! Harmonie und Einklang zwischen Kindern und Hunden.

Leben mit Kindern und Hunden

Kinder und Hunde haben viel gemeinsam: Hunde leben im Hier und Jetzt, Kinder auch. Hunde sind Egoisten, Kinder auch. Beide bedienen sich unterschiedlichster Strategien, um ihren Willen durchzusetzen, und beide brauchen Regeln, die ihnen helfen, sich zu orientieren und richtiges von falschem Verhalten zu unterscheiden.

Für das Zusammenleben von Kind und Hund sollten Sie deshalb unbedingt klare Regeln aufstellen. Lassen Sie sich dabei aber nicht von den zahlreichen gut gemeinten Ratschlägen verunsichern, die Sie von Freunden, Bekannten und vielleicht auch von Hundetrainern erhalten werden. Die Entscheidung, was Kind und Hund dürfen und was nicht, liegt ganz allein bei Ihnen und Ihrer Familie. Wichtig ist allerdings, dass die Regeln immer dem Wohl und der Sicherheit aller Beteiligten dienen und dass sie von

Anfang an konsequent und von allen Familienmitgliedern eingehalten werden. Nicht selten kommt es nämlich vor, dass ein Hund als süßer Welpe noch viele Freiheiten genießt, die ihm später, wenn er groß ist, wieder genommen werden. Doch genau dies versteht der Hund ebenso wenig, wie ein Kind verstehen kann, dass es als Kleinkind im Ehebett der Eltern herzlich willkommen war und nun plötzlich in seinem eigenen Bett schlafen soll, nur weil es älter und größer ist.

Setzen Sie sich mit Ihrem Kind zusammen und überlegen Sie gemeinsam, welche Regeln für den Hund und welche für das Kind gelten sollen. Dazu gehört auch, dass Sie Tabus festlegen. Manche sind aus Sicherheitsgründen unbedingt erforderlich – so muss beispielsweise Essen in Kinderhänden für einen Hund immer tabu sein. Bei anderen Tabus kommt es hingegen auf die Bedürfnisse Ihres Kindes an: Manchen Kindern macht es nichts aus, wenn der Hund mit ihren Spielsachen spielt, andere wiederum mögen dies gar nicht. In diesem Fall könnte eine Regel lauten, dass Kinderspielsachen für den Hund tabu sind.

Wenn Kind und Hund lernen, aufeinander Rücksicht zu nehmen, steht einer tollen Freundschaft nichts mehr im Weg.

Tipp

Schreiben Sie die Regeln für Kind und Hund auf oder, wenn Sie noch ein kleineres Kind haben, malen Sie mit ihm gemeinsam Bilder, die Sie dann gut sichtbar für alle aufhängen, zum Beispiel in der Küche. So hat Ihr Kind immer die Möglichkeit dort nachzusehen, sollte es einmal eine Regel vergessen haben.

Gesundheitsregeln

Einige Parasiten und Hundekrankheiten sind auch auf Menschen übertragbar. Um das zu verhindern, ist es wichtig, dass Sie Ihren Hund regelmäßig entwurmen und ihn vom Tierarzt impfen lassen.

Besonders Kleinkinder können mit Hygiene noch nicht viel anfangen. Neugierig fassen sie alles an, und oft stecken sie die Finger danach in den Mund. Falls Ihr Hund sein Geschäft auch im Garten erledigen darf, denken Sie deshalb bitte daran, den Kot umgehend und sorgfältig zu entfernen. Das Händewaschen nach dem Streicheln und Kuscheln mit dem Hund sollte für Ihr Kind zur Routine werden.

Hund aufs Sofa oder aufs Bett?

Noch immer wird das Einhalten der sogenannten Hausstandsregeln empfohlen, die verhindern sollen, dass der Hund eine ranghöhere Position einnimmt als der Mensch. Nach wie vor raten viele Hundeexperten dazu, den Hund auf keinen Fall auf das Sofa oder auf das Bett zu lassen, weil er durch das „Besetzen" solcher Plätze seine Rangposition in der Familie stärken möchte. Ebenso viele Experten sind inzwischen aber anderer Meinung: Hunde liegen gern auf dem Sofa oder auch auf dem Bett, weil es ein angenehmer weicher Liegeplatz ist, mehr nicht!

Der Lieblingsplatz von Zeus ist das Sofa. Das ist in Ordnung, wenn er ihn auf Kommando auch wieder freigibt.

Zeus reagiert sofort auf Marlies' Aufforderung und verlässt das Sofa.

Kinder fühlen sich mit dem Hund an ihrer Seite sicherer und lieben es, wenn er die Nacht auf ihrem Bett verbringt. Und warum sollte er das auch nicht? Ich persönlich finde daran nichts Schlimmes. Es ist allerdings aus hygienischen Gründen nicht ratsam, dass der Hund mit Ihrem Kind unter die Bettdecke schlüpft. Legen Sie ihm stattdessen eine Decke an das Fußende des Bettes, auf der er es sich gemütlich machen kann.

Natürlich liegt es in Ihrem Ermessen, ob Ihr Hund auf Sofa oder Bett darf. Werden ihm diese Plätze von Anfang an verwehrt, wird er sich auch problemlos mit einem Körbchen oder einer Decke am Boden zufriedengeben.

 Tipp

Wenn Ihnen Hundehaare auf Möbelstücken nichts ausmachen, können Sie ganz ohne schlechtes Gewissen mit Kind und Hund auf dem Sofa kuscheln. Für Hunde ist das Sofa nur ein bequemer Ruheplatz, mehr nicht!

Wenn ein Hund seinen bequemen Liegeplatz verteidigt, ist dies übrigens kein Dominanzverhalten, sondern es liegt vielmehr daran, dass er nicht gelernt hat, sein kuscheliges Plätzchen auf ein Signal hin wieder freizugeben. Bringen Sie Ihrem Hund deshalb bei, dass er Sofa oder Bett auf Ihren Wunsch hin jederzeit ohne Zögern und Murren verlassen muss, und lassen Sie auch Ihr Kind unter Aufsicht mit ihm üben.

So klappt's:
Bereiten Sie einige Leckerbissen vor und locken Sie Ihren Hund auf das Sofa. Sobald er oben ist, nehmen Sie ein Leckerli in die Hand und führen Ihre Hand dann in einem Bogen vom Hund weg in Richtung Fußboden. Sehen Sie Ihren Hund dabei kurz an und richten Sie dann den Blick auf den Boden, damit er auch wirklich versteht, dass er gemeint ist, und weiß, wohin er gehen soll. Genau in dem Moment, wo der Hund vom Sofa steigt, sagen Sie „Runter", und wenn er mit allen vier Pfoten auf dem Boden ist, be-

kommt er zur Belohnung das Leckerli. Durch das Üben mit einem Leckerli wird er für sein Tun positiv bestärkt und hat nicht das Gefühl, von seinem Platz verdrängt zu werden. Wiederholen Sie die Übung so lange, bis der Hund das Sofa ohne zu zögern verlässt, wenn er das Signal „Runter" bekommt. Beziehen Sie auch Ihr Kind in das Training mit ein.

Reagiert der Hund sicher auf Ihr Signal, können Sie auch im Alltag üben. Warten Sie, bis Ihr Hund es sich ohne Ihre Aufforderung auf dem Sofa gemütlich gemacht hat. Nehmen Sie einen Leckerbissen und fordern Sie ihn nun wie zuvor geübt dazu auf, wieder runterzugehen. Sobald er Ihr Signal auch im Alltag verlässlich befolgt, können Sie das

Leckerli weglassen. Bleiben Sie jedoch dran und fordern Sie Ihren Vierbeiner immer wieder mal zum Runtergehen auf – auch dann, wenn es eigentlich gar nicht nötig ist, damit er diese wichtige Übung nicht vergisst.

Auf den Hund zugehen, schreien und laufen

Hunde mit gesundem Sozialverhalten vermeiden bei Zusammentreffen mit Artgenossen einen frontalen Kontakt. Damit Konflikte gar nicht erst aufkommen, zeigen sie

Hunde begegnen sich immer höflich. Kinder sollten sich daran ein Beispiel nehmen.

sogenannte Beschwichtigungssignale wie Kopf oder Hals des anderen beschnüffeln, einen Bogen gehen und den Blick abwenden.

Wenn Kinder einem Hund begegnen, laufen sie oft impulsiv auf ihn zu, häufig schreien sie dabei und strecken die Arme nach ihm aus. Für einen Hund ist das erschreckend, und er wird nur eine einzige Möglichkeit sehen: Flucht! Kinder verstehen dieses Zeichen leider oft nicht richtig. Statt den Hund in Ruhe zu lassen, laufen sie ihm lärmend hinterher, weil sie ihn einfangen und streicheln wollen. So kann es passieren, dass das Tier in Bedrängnis gerät und nicht mehr weiter ausweichen kann – eine gefährliche Situation, zu der man es aber gar nicht erst kommen lassen darf. Kinder müssen deshalb lernen, wie man richtig auf einen Hund zugeht. Sie können sich an dem höflichen Begrüßungsritual der Vierbeiner ein Beispiel nehmen.

So klappt's:

Erklären Sie Ihrem Kind, wie es sich einem Hund nähern soll: immer langsam und ruhig in einem Bogen von der Seite. Nicht frontal, nicht zu schnell und auf gar keinen Fall von hinten, weil der Hund erschrecken kann, wenn er das Kind erst spät bemerkt. Am besten wäre es, wenn Ihr Kind gar nicht auf den Hund zugeht, sondern sich ruhig auf den Boden setzt und den Hund selbst entscheiden lässt, ob er Kontakt aufnehmen möchte oder nicht. Wird der Hund nicht bedrängt, wird er fast immer freudig auf die Einladung des Kindes eingehen und zu ihm hinlaufen.

Dieses Kind weiß, dass es sich Hunden nicht aufdrängen soll. Es wartet geduldig, bis der Windhund von sich aus freundlich Kontakt aufnimmt.

Richtig streicheln

Hunde sind Lebewesen mit Gefühlen und Empfindungen; Kinder vergessen dies nur allzu leicht und sollten gegebenenfalls daran erinnert werden.

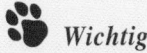 *Wichtig*

Wenn Ihr Kind den Hund absichtlich zwickt oder ihn am Schwanz oder an den Ohren zieht, könnte Eifersucht der Grund dafür sein. Vielleicht hat es das Gefühl, dass Sie dem Hund zu viel Aufmerksamkeit widmen. Versuchen Sie, Ihre Aufmerksamkeit gerecht auf Kind und Hund zu verteilen, und binden Sie Ihr Kind unbedingt in alles ein, was mit dem Hund zu tun hat.

Besonders kleinere Kinder fassen Hunde oft sehr grob an, weil sie motorisch noch nicht zu sanften Berührungen in der Lage sind. Mit einem Kleinkind sollten Sie deshalb zärtliches Streicheln üben, damit es dem Hund nicht wehtut. Zeigen Sie ihm, wie und wo der Hund sanft gestreichelt werden mag. Besonders gern haben unsere Vierbeiner es hinter den Ohren, am Hals und am Bauch. Dazu ist kein Druck notwendig, weil Hunde sehr empfindlich sind. Sie spüren sogar eine Fliege auf ihrem Fell. Zu feste Berührungen werden eher als unangenehm empfunden. Was Hunde gar nicht mögen, ist, wenn man ihnen von oben über den Kopf streichelt oder wenn sie an der Seite abgeklopft werden.

Häufig möchten Hunde auch überhaupt nicht gestreichelt werden. Sie sind einfach nicht in der Stimmung dazu und zeigen das deutlich, indem sie von dem Kind weggehen. Das muss Ihr Kind immer akzeptieren. Es sollte den Hund dann auch wirklich in Ruhe lassen und ihm keine gut gemeinten Zärtlichkeiten aufdrängen.

So klappt's:

Nehmen Sie die Hand Ihres Kindes und streicheln Sie damit sanft über dessen Wange. Dann lassen Sie es dasselbe noch mal allein versuchen. So bekommt Ihr Kind ein Gefühl dafür, wie sanft es den Hund streicheln soll.

Älteren Kindern können Sie auch zeigen, wie man einen Hund mit einer Massage verwöhnt. Besonders nach einem aufregenden oder spannenden Tag genießen die meisten Hunde diese Form von Streicheleinheiten.

Für die Massage sollte der Hund entspannt auf einer Seite liegen. Um ihn sanft in diese Seitenlage zu bringen, lassen Sie ihn zunächst die Platzposition einnehmen. Nun nehmen Sie ein Leckerli in die Hand und führen es von der Schnauze des Hundes weg nach hinten in Richtung Rumpf, bis er sich in die Seitenlage fallen lässt, um an das Leckerli zu gelangen. Jetzt kann es mit der Massage losgehen: Das Kind beginnt am Nacken und streicht von dort den Rücken entlang bis zum Rutenansatz ganz leicht und ohne Druck über das Fell. Dann arbeitet es sich mit langsamen und gleichmäßigen Bewegungen bis zum Bauch vor, wo die meisten Hunde am liebsten gestreichelt werden. Nach einiger Zeit wird der Hund vorsichtig auf die andere Seite gedreht und dort ebenso massiert, am besten wieder mithilfe eines Leckerlis. Die ersten Male sollte die gesamte Massage nur kurz dauern, damit sich der Hund daran gewöhnen kann. Später, wenn Sie merken, dass der Hund es genießt, kann Ihr Kind die Massagezeit nach und nach auf maximal 20 Minuten erhöhen.

Zärtliches Streicheln können auch recht kleine Kinder schon lernen.

Aus der Praxis

Eine Familie nahm mit ihrem neun Wochen alten Mischling Nero an einem meiner Welpenkurse teil. Sie brachten auch ihren dreijährigen Sohn mit. Ich war entsetzt, wie der kleine Junge mit dem Hund umging. Er schlug Nero mit der flachen Hand auf den Kopf, er trat ihn mit den Füßen, dann wieder umarmte er den Hund und erwürgte ihn fast dabei. Die Eltern griffen nicht ein. Im Einzeltraining zeigte ich ihnen, wie sie ihrem Sohn den respektvollen Umgang mit dem Hund vermitteln können. Leider änderte sich weder das Verhalten der Eltern noch das des Sohnes. Die Eltern waren vollkommen überfordert mit der Situation, und wir entschieden gemeinsam, dass es wohl das Beste sei, ein neues Zuhause für Nero zu suchen. Dies ist leider die traurige Seite meiner Arbeit.

Hochheben und tragen

Kinder lieben es, Welpen, aber auch kleine erwachsene Hunde hochzuheben und umherzutragen. Das sollten Sie grundsätzlich nicht zulassen, denn die meisten Hunde fühlen sich äußerst unwohl, wenn sie nicht alle vier Pfoten auf dem Boden haben.

Natürlich gibt es Situationen, in denen ein Hund getragen werden sollte. Gerade bei einem wenige Monate alten Welpen ist es richtig, ihn die Treppe hochzutragen oder in das Auto hinein- und wieder herauszuheben, um seine noch weichen Gelenke zu schonen. Wenn Ihr Kind körperlich dazu in der Lage ist und nicht die Gefahr besteht, dass es mit dem Hund auf dem Arm das Gleichgewicht verliert, kann es diese Aufgabe ruhig übernehmen. Sie müssen ihm aber genau zeigen, wie man einen Hund richtig hochhebt und trägt, ohne ihm dabei wehzutun oder ihn gar zu verletzen.

So klappt's:
Ihr Kind stellt sich seitlich neben den Hund, greift mit einer Hand zwischen den Vorderbeinen hindurch unter die Brust und legt die andere Hand um das Hinterteil. Nun kann es den Hund hochheben. Bitte achten Sie auch darauf, dass Ihr Kind den Hund vorsichtig und sanft wieder absetzt.

Wenn der Hund frisst

In vielen Ratgebern wird noch immer empfohlen, dem fressenden Hund den Futternapf kurz wegzunehmen und ihn gleich darauf wieder hinzustellen. Das soll dem Hund zeigen, dass der Mensch in der Rangordnung über ihm steht, sich jederzeit dem Napf nähern und ihm das Futter wegnehmen darf. Ob der Hund das auch so versteht, ist fraglich. Viel eher wird er lernen, sein Futter ganz schnell hinunterzuschlingen, um fertig zu sein, bevor es ihm wieder weggenommen wird. Fressen ist für einen Hund etwas sehr

Solange Marlies die Hand quer hält, muss Apollo warten.   *Auch dann, wenn der Futternapf schon bereitsteht.*

Wichtiges, und die Angst, nicht satt zu werden, bedeutet Stress – Verdauungsstörungen und Verhaltensprobleme, zum Beispiel aggressives Verteidigen des Futters, können die Folge sein.

Sorgen Sie deshalb dafür, dass Ihr Hund in Ruhe fressen kann. Kinder sollten ihn dabei keinesfalls streicheln und auch nicht versuchen, in seinen Futternapf zu greifen. Füttern Sie Ihren Hund jedoch nicht aus falscher Rücksicht in einem separaten Raum, denn dadurch würden Sie ihn isolieren. Er fühlt sich wohler, wenn er im Beisein der Familie frisst.

Am besten füttern Sie Ihren Hund, bevor Sie Ihre Mahlzeiten einnehmen. Vorausgesetzt, dass keines der Familienmitglieder heimlich Essbares unter den Tisch reicht, beugt das Einhalten dieser Reihenfolge dem Betteln bei Tisch vor, weil der Hund seinen Hunger bereits gestillt hat, wenn die Familie isst.

Lassen Sie Ihr Kind bei der Futterzubereitung mithelfen und dem Hund den gefüllten Napf hinstellen. Der Hund sollte allerdings zuvor gelernt haben, dass er ruhig warten muss, bis der Napf an seinem Platz steht, und erst auf Kommando mit dem Fressen beginnen darf. So verhindern Sie, dass er an Ihrem Kind hochspringt, um an sein Futter zu gelangen.

So klappt's:
Ihr Kind nimmt den gefüllten Futternapf und stellt sich damit neben den Futterständer. Dort wartet es so lange, bis sich der Hund von allein, ohne Kommando, hinsetzt. Sobald er sitzt, wird er gelobt. Nun stellt Ihr Kind den Napf in den Ständer, während es dem Hund ein Wartesignal gibt, das ihn daran hindert, zum Napf zu gehen. Es kann ihm zum Beispiel die flache Hand quer vor die Nase halten. Erst auf ein Freigabesignal hin darf der Hund fressen.

Bitte nicht stören!

Marlies gibt das Freigabesignal. Nun darf Apollo fressen.

Wenn ein Hund mit Kindern zusammenlebt, geht es oft sehr turbulent zu. Gerade deshalb sind Ruhephasen für das Tier besonders wichtig. Vor allem nach dem Fressen und nach Spielphasen mit Ihrem Kind sollten Sie ihm eine Pause gönnen. Richten Sie Ihrem Hund einen gemütlichen Rückzugsort abseits des Familientrubels ein, am besten dort, wo nur selten jemand vorbeiläuft und nicht die Gefahr besteht, dass man über ihn stolpert.

Sucht der Hund von sich aus seinen Schlafplatz auf, ist dies ein deutliches Zeichen dafür, dass er nicht mehr gestört werden möchte. Falls sich Ihr Kind ihm dennoch nähert, wird er sein Ruhebedürfnis durch demonstratives Abwenden des Kopfes signalisieren, und wenn das nicht zum Erfolg führt, wird er möglicherweise auch knurren oder in die Luft schnappen. Schimpfen Sie deswegen nicht mit dem Hund. Er greift das Kind nicht an, es ist lediglich seine Art zu sagen: „Geh weg und lass mich in Ruhe!" Anders kann er sich nicht verständlich machen.

Anfangs muss der Zeitabstand zwischen dem Wartesignal und dem Freigabesignal ganz kurz sein, weil der Hund das Warten erst lernen muss. Wenn er verstanden hat, was er tun soll, kann die Wartezeit allmählich verlängert werden. Bei kleineren Kindern sollten Sie selbst das Warte- und das Freigabesignal geben. So kann sich Ihr Kind ganz auf das Hantieren mit der Futterschüssel konzentrieren.

Tipp

Wenn Ihr Kind altersmäßig schon dazu in der Lage ist, können Sie ihm die Aufgabe geben, darauf zu achten, dass der Hund immer frisches Wasser hat. So lernt es, Pflichten gegenüber dem Hund zu übernehmen.

Haben Sie aber trotzdem immer ein Auge auf den Wassernapf, damit Ihr Hund keinen Durst leiden muss, falls Ihr Kind das Nachfüllen doch einmal vergisst.

Störe einen Hund nie, wenn er auf seinem Ruheplatz liegt und schläft! Diese Regel sollten Kinder unbedingt beherzigen. Erklären Sie den Ruheplatz am besten zur absoluten Tabuzone für Ihr Kind. Denn ein Hund, der sich immer wieder aufs Neue gegen Annäherungsversuche wehren muss, wird irgendwann damit beginnen, seinen Rückzugsort ernsthaft zu verteidigen.

Einen schlafenden Hund sollte Ihr Kind weder auf seinem Ruheplatz noch an einem

anderen Ort streicheln oder gar hochheben. Er könnte sich so sehr erschrecken, dass er plötzlich zuschnappt.

Aus der Praxis

Einmal bat mich eine Familie um Hilfe: Der einjährige Mischlingsrüde Jack sei sehr nervös und meide den vierjährigen Sohn.

Zunächst einmal beobachtete ich Kind und Hund: Egal wohin sich Jack zurückzog – der Junge lief ihm hinterher, bedrängte, umarmte und drückte ihn. Jack knurrte den Jungen an, sobald dieser auch nur in seine Nähe kam. Er war von dem Verhalten des Kindes sichtlich genervt.

Ich riet den Eltern, dafür zu sorgen, dass Jack seine Ruhephasen immer ungestört genießen kann. Als ich die Familie eine Woche später ein zweites Mal besuchte, spielte Jack wieder entspannt und freudig mit dem Jungen.

Bitte nicht stören! Akira hat sich auf ihr gemütliches Plätzchen zurückgezogen.

Kinder freuen sich, wenn sie bei der Erziehung des Hundes mithelfen dürfen.

Erziehung – Kinder lernen, wie man's richtig macht

Kindern macht es Spaß, Erwachsene nachzuahmen. Wenn sie sehen, dass ein Hund Anweisungen befolgt, möchten sie ihm gern auch selbst Anweisungen geben dürfen. Beziehen Sie Ihr Kind ruhig in die Erziehung Ihres Hundes mit ein. So wird er später nicht nur auf Sie, sondern auch auf Ihr Kind hören. Bedenken Sie aber, dass dies meist nur zu Hause in der gewohnten Umgebung klappt, wo der Hund nicht durch Umweltreize abgelenkt wird. Sind Sie draußen unterwegs, wird Ihr Hund sehr wahrscheinlich nur auf Sie hören. Kinder sind für Hunde nämlich vor allem gleichberechtigte Spielkameraden, als Führungspersonen werden sie meist nicht anerkannt.

Lassen Sie Ihr Kind beim Training mit dem Hund zusehen und beteiligen Sie es wenn möglich daran. Üben Sie die Abläufe zunächst „trocken", ohne Hund, damit Ihr Kind Sicherheit erlangt. Wenn es dann später – unter Aufsicht – selbst die Rolle des Trainers übernehmen darf, kann es sich voll und ganz auf den Hund konzentrieren und weiß genau, was zu tun ist. Das ist besonders wichtig, denn ein unsicheres Kind, das den Übungsablauf nicht gut genug kennt, spricht keine klare Körpersprache. Der Hund würde nicht verstehen, was von ihm erwartet wird, und die Übung nicht ausführen. Das wäre sicher eine große Enttäuschung.

Achten Sie beim Training unbedingt auf Ihre Stimmlage. Klingt Ihre Stimme streng und laut, wenn Sie Ihrem Hund Kommandos geben, wird auch Ihr Kind laut und im Befehlston mit dem Hund sprechen. Es orientiert sich an Ihnen. Denken Sie immer daran: Für Hunde ist alles, was wir ihnen beibringen, ein Trick, und Tricks werden mit ruhiger, freundlicher Stimme, mit viel Geduld und mit einem Lächeln im Gesicht geübt. Das gilt auch für Übungen wie „Sitz" und „Platz". Wir Menschen mögen das Befolgen dieser beiden Kommandos zwar besonders wichtig finden, für Hunde sind sie nicht mehr und nicht weniger wichtig als „Pfötchen geben" oder „Männchen machen". Freundlichkeit, Ruhe und Geduld beim Training wird der Hund Ihnen und Ihrem Kind durch freudige Mitarbeit danken.

 *Wichtig*

Bitte nicht vergessen: Hunde brauchen genau wie Kinder Ruhephasen zwischen den Lerneinheiten. Halten Sie die Einheiten immer kurz, um Ihren Hund nicht zu überfordern, und beenden Sie eine Übung am besten dann, wenn er besonders gut mitarbeitet. So wird er auch beim nächsten Mal wieder begeistert mitmachen.

Kinder ab einem Alter von etwa zwölf Jahren können auch schon ohne Aufsicht mit Hunden üben, vorausgesetzt, Sie können sicher sein, dass Ihr Kind respektvoll und freundlich mit dem Tier umgeht. Jüngere Kinder sollten beim Training nicht allein gelassen werden. Sie gefallen sich oftmals in der Rolle eines Kommandanten und kommandieren den Hund ständig herum. So wird er bald die Lust am Lernen verlieren. Da geht es ihm ähnlich wie einem Kind, dem man andauernd sagt, was es zu tun und zu lassen hat.

Begrüßung

In vielen Familien läuft die Begrüßung zwischen Hund und Menschen ungefähr so ab: Die Tür geht auf, der Hund kommt freudig angerannt, springt an jedem hoch, Kinder werden angerempelt, und es ist fast unmöglich, Jacken und Schuhe auszuziehen, weil der Hund vor lauter Aufregung allen zwischen den Beinen herumläuft. So ist der Unmut gegenüber dem Hund schon vorprogrammiert. Nicht selten wird dieser Unmut auch gelebt. In der Hoffnung, das unerwünschte Verhalten ändern zu können, wird geschimpft, und der Hund wird mit den Händen weggeschoben. Wäre es nicht schön, wenn die Begrüßung ganz anders abliefe, nämlich ohne Ärger und Aufregung?

Bringen Sie Ihrem Hund doch einfach bei, dass die Begrüßung ruhig abläuft und nicht im Eingangsbereich stattfindet, sondern erst im Wohnraum.

So klappt's:

Beim Nachhausekommen schenken Sie und Ihr Kind dem Hund nur ganz kurz Ihre Aufmerksamkeit, zum Beispiel, indem Sie freundlich Hallo sagen. Danach ignorieren Sie ihn, ziehen sich in Ruhe aus und gehen in den Wohnraum. Erst dort wird der Hund von allen so richtig begrüßt. Vergessen Sie das Hallo am Anfang aber bitte nicht, denn der Hund hat ja bereits so lange auf Sie gewartet und würde es nicht verstehen, wenn Sie ihn gar nicht beachten.

Schon bald wird Ihr Hund gelernt haben, dass ihm nach dem Hallo erst wieder im Wohnzimmer Aufmerksamkeit geschenkt wird. Er wird also schnell dorthin traben und Sie freudig erwarten. Falls Ihr Hund bei der nun folgenden Begrüßung zu ungestüm werden sollte, wenden Sie sich für einen Moment von ihm ab und warten, bis er sich wieder beruhigt hat.

Verlangen Sie diesen Begrüßungsablauf unbedingt auch von allen Besuchern, nur so behält Ihr Hund das erlernte Verhalten bei.

So soll es nicht aussehen! Gerade bei großen schweren Hunden ist es unangenehm und auch gefährlich, wenn sie Kinder zur Begrüßung anspringen.

Spring mich nicht an!

„So ein unerzogener Hund!", „Der Hund ist dominant!" Diese Aussagen hört man immer wieder, wenn ein Hund an einem Menschen hochspringt. Hierbei handelt es sich um ein klassisches Missverständnis, denn der Hund möchte nichts anderes als den Menschen höflich begrüßen. Unter Hunden ist es ein unterwürfiges Begrüßungsritual und keine dominante Geste, den Maulwinkel eines anderen Hundes zu lecken. Nun sind wir Menschen groß, was dem Hund das Lecken unserer Mundwinkel erschwert – er muss also hochspringen, um sein Ziel zu erreichen. Oftmals bestärken wir den Hund sogar unbewusst in seinem Tun. So finden es Kinder und Erwachsene gleichermaßen niedlich, wenn ein Welpe an ihnen hochspringt. Sie belohnen ihn durch Streicheleinheiten und ermuntern ihn manchmal auch noch dazu. Der kleine Hund hat also Erfolg mit seinem Verhalten und wird es immer öfter zeigen. Ist aus dem Welpen ein erwachsener Hund geworden, empfinden wir Menschen das Hochspringen als unangenehm. Wir versuchen ihn dann mit den Händen wegzudrängen, oft verbunden mit einem „Nein!" oder „Geh runter!" Gerade das wird der Hund aber nicht als Abwehr begreifen, sondern vielmehr als Aufforderung weiterzumachen. Er kann die Worte nicht verstehen, sie zeigen ihm nur, dass sein Verhalten durch Aufmerksamkeit belohnt wird.

 Tipp

Versuchen Sie es doch mal so: Gehen Sie zur Begrüßung Ihres Hundes sofort in die Hocke und halten Sie ihm Ihre Wange so hin, dass er sie erreichen kann. Was passiert? Er wird sofort beginnen, Ihr Gesicht zu lecken. Springt er noch hoch? Nein, wozu auch? Er kann Sie in dieser Position ja hündisch begrüßen.

Unterbinden Sie das Hochspringen deshalb von Anfang an, egal ob Sie einen Welpen oder einen älteren Hund zu sich genommen haben. Es entspricht nun einmal nicht

den menschlichen Begrüßungsritualen wie etwa dem Händeschütteln, und das Ablecken der Mundwinkel ist für die meisten von uns auch aus hygienischen Gründen nicht akzeptabel. Auch Ihre Gäste werden von einem Hund, der sie anspringt, sicher nicht begeistert sein, und besonders für kleine Kinder besteht die Gefahr, von den Krallen verletzt oder durch das Körpergewicht des Hundes zu Fall gebracht zu werden.

Unterbinden heißt nun aber nicht, dass Sie oder Ihr Kind Gewalt gegen den Hund anwenden sollen. Es ist nicht nur unangebracht, das Knie gegen den Körper des Hundes zu rammen, auf seine Pfoten zu treten oder ihn am Halsband oder Brustgeschirr herunterzuziehen, sondern auch vollkommen unwirksam. Wir Menschen können uns das nur schwer vorstellen, aber der Hund würde sich durch diese Handlungen in seinem Verhalten bestärkt fühlen – er hat dafür ja Aufmerksamkeit bekommen, wenngleich auf unangenehme Weise.

So klappt's:

Berühren Sie Ihren Hund nie, wenn er an Ihnen hochspringt. Verschränken Sie Ihre Arme und drehen Sie ihm kommentarlos den Rücken zu. Das macht das Hochspringen für den Hund zu einem Misserfolg, weil ihm die erhoffte Aufmerksamkeit verwehrt wird. Sobald Ihr Hund alle vier Pfoten wieder auf dem Boden hat, drehen Sie sich zu ihm um und loben ihn. Gehen Sie dazu unbedingt in die Hocke, denn wenn Sie ihn stehend loben, wird er dies als Aufforderung zum erneuten Hochspringen sehen. Üben Sie auch mit Ihrem Kind genau, wie es sich verhalten soll.

Hier haben beide Spaß. Wenn der Hund nicht allzu kräftig ist und locker an der Leine geht, kann ihn auch ein kleines Kind mal ein Stück führen. Bleiben Sie aber immer in der Nähe.

Vorsicht jedoch bei Kleinkindern, sie sind weder groß genug, noch haben sie die Standfestigkeit, um das Gewicht eines hochspringenden Hundes abzufangen, ohne zu stürzen. Sie müssen rechtzeitig eingreifen und das Kind schützen.

Sicher unterwegs

In unserer Gesellschaft ist es heute in vielen Situationen erforderlich, Hunde an der Leine zu führen. Nicht nur zum Schutz des Hundes und zum Schutz anderer Tiere, sondern auch zur sichtbaren Erleichterung vieler Menschen, die sich wohler fühlen, wenn sie sich sicher sind, dass sich ein entgegenkommender Hund ihnen nicht nähern kann.

Erst ab dem 15. Lebensjahr können Sie ein Kind allein mit einem Hund an der Leine spazieren gehen lassen, sofern die beiden gut miteinander zurechtkommen und der Hund nicht zu groß und zu kräftig ist. Jüngere Kinder erkennen Gefahren nicht rechtzeitig und haben nicht das Wissen, nicht die Kraft und oft auch nicht die Nerven, um in heiklen Situationen richtig handeln zu können. Fragen Sie sich, ob Ihr Kind so kräftig ist, dass es den Hund davon abhalten kann, über die Straße zu rennen, wenn er auf der anderen Seite die Dame seines Herzens erblickt hat. Und fragen Sie sich auch, ob es die Nerven behalten wird, wenn ein anderer Hund seinen Liebling angreift. Denn gerade wenn die Angst um den eigenen Hund mit im Spiel ist, sind Kinder oft überfordert. Wenn Sie zu dem Schluss kommen, dass Ihr Kind diese oder ähnliche Situationen nicht allein meistern kann, sind Spaziergänge ohne Begleitung noch zu gefährlich. Sie können ihm stattdessen aber den Besuch eines speziellen Kind-Hund-Kurses in einer Hundeschule ermöglichen. Hier lernt es den sicheren Umgang mit der Leine und übt das richtige Verhalten in kritischen Situationen.

Damit Ihr Kind nicht traurig ist, weil es noch nicht allein mit seinem Hund Gassi gehen darf, können Sie es vor und während des Spaziergangs kleine Aufgaben übernehmen lassen. Es kann dem Hund zum Beispiel das Brustgeschirr anlegen und die Leine daran befestigen, und sicherlich freut sich Ihr Kind auch darüber, wenn es den Vierbeiner ab und

zu mal mit einem Leckerli belohnen darf, wenn er brav an der Leine geht und nicht zieht. Das Laufen an der lockeren Leine ist nämlich die wichtigste Voraussetzung dafür, dass Leinenspaziergänge allen Beteiligten Spaß machen. Wenn das gut klappt, kann auch ein kleines Kind seinen Hund zwischendurch mal für einen Moment stolz spazieren führen. Natürlich nur, wenn dieser gerade entspannt läuft und Sie in der Nähe bleiben.

 Tipp

Verwenden Sie bei allen Spaziergängen am besten eine weiche Lederleine. Diese Leinen haben den Vorteil, dass sie nicht einschneiden, wenn der Hund doch einmal zieht und sie dem Kind durch die Hände rutschen. Flexileinen sind ungeeignet. Der Hund kann sich damit mehrere Meter weit von dem Kind entfernen und ist dann kaum noch kontrollierbar.

So klappt's:

Das Laufen an der lockeren Leine kann ein Hund bereits als Welpe lernen. Der erste Schritt ist, dass Sie sich nicht ziehen lassen. Jedes Mal wenn der kleine Hund die Leine spannt, bleiben Sie oder Ihr Kind sofort stehen und warten, bis er von sich aus einen Schritt zurück macht, sodass die Leine wieder durchhängt. Sobald die Leine locker ist, gehen Sie sofort weiter. Bleibt der Welpe zurück, ziehen Sie ihn bitte nicht hinter sich her, sondern warten Sie, auch wenn die Leine gespannt ist, ruhig, bis er nachkommt. Locken Sie ihn aber nicht zu sich. Aufmerksamkeit gibt es nur dann, wenn er an lockerer Leine auf Ihrer Höhe läuft. So wird er sehr bald verstehen, was Sie von ihm wünschen.

Das Leinentraining klappt auch mit einem älteren Hund. Falls dieser aber die Gewohnheit hat, stark zu ziehen, sollten Sie nicht allein üben, sondern sich professionelle Hilfe holen.

Lernspiel

Dieses Partnerspiel lässt Kinder nachempfinden, wie sich ein Hund fühlt, der an der Leine hinterhergezogen wird.

Ein Kind spielt den Hund, nennen wir ihn Max, und bindet sich eine Leine um den Bauch, ein zweites Kind spielt den Hundeführer, Lisa, und nimmt die Leine in die Hand. Nun werden Leckereien auf dem Boden ausgelegt, die Max aufsammeln und essen soll, während Lisa ihn an der Leine hinter sich herzieht, ohne auf ihn zu achten. Bauen Sie als Nächstes einen Hindernisparcours auf. Nun soll Max den Parcours überwinden, wird dabei aber von Lisa einfach über die Hindernisse gezogen.

Wenn jedes Kind einmal Max und einmal Lisa gespielt hat, fragen Sie die Kinder, wie sie sich als Max gefühlt haben. Lassen Sie die Kinder nun überlegen, wo und wie sich Max an den Hindernissen hätte verletzen können, und erklären Sie ihnen auch, dass Hunde überall ihre Nachrichten hinterlassen, die „gelesen" werden müssen – deshalb schnüffeln Hunde beim Spaziergang oft mit der Nase am Boden. Stören sollte man sie dabei lieber nicht – oder will eines der Kinder etwa beim Lesen eines spannenden Buches gestört werden?

Suchen Sie zum Schluss alle gemeinsam nach Lösungen, wie man es besser machen könnte.

So ist es richtig. Sidney nimmt den Leckerbissen vorsichtig aus der flachen Hand des Kindes.

Leckerlis richtig füttern

Hunde lieben Leckerbissen, und Kinder lieben es, Hunde zu füttern. Die Freude Ihres Kindes wird allerdings nur von kurzer Dauer sein, wenn der Hund zu grob ist und aufgeregt nach dem Leckerbissen in der Kinderhand schnappt. Ihr Kind wird so nämlich bald Angst vor dem Hund bekommen.

Deshalb muss Ihr Hund zunächst lernen, dass er Leckerbissen nur sehr vorsichtig nehmen darf, ohne dabei seine Zähne einzusetzen. Auch sollte er das angebotene Leckerli nie von sich aus nehmen, sondern immer abwarten, bis er dazu aufgefordert wird. Erst wenn er das verstanden hat, können Sie Ihrem Kind das Verfüttern von Leckerlis erlauben, aber aus der flachen Hand, niemals mit spitzen Fingern. So hat es keine schmerzhaften Folgen für Ihr Kind, wenn der Hund einmal seine Vorsicht vergisst.

 *Wichtig*

Es sollte selbstverständlich sein, dass Kinder Hunde nur nach ausdrücklicher Erlaubnis und unter Aufsicht eines Erwachsenen füttern dürfen.

Das Leckerlitraining ist auch für den Alltag mit Kind und Hund sehr nützlich: Hat der Hund gelernt, Leckerlis nur nach Aufforderung zu nehmen, wird er auch nicht so leicht auf die Idee kommen, Ihrem Kind andere Köstlichkeiten aus der Hand zu schnappen, die gar nicht für ihn bestimmt sind.

So klappt's:

Halten Sie Ihrem Hund ein Leckerli vor die Nase. Versucht er, das Leckerli mit den Zähnen zu nehmen, ziehen Sie Ihre Hand sofort zurück. Strecken Sie Ihre Hand dann noch einmal vor, und wenn sich Ihr Hund nun dem Leckerli nähert, sagen Sie „Vorsicht" dazu. Will er es wieder mit den Zähnen nehmen, ziehen Sie Ihre Hand erneut zurück. Schnell wird er begreifen, wann er den Leckerbissen bekommt: nur dann, wenn er ihn zärtlich nimmt!

Wenn diese Übung zuverlässig klappt, können Sie zum nächsten Schritt übergehen. Ihr Hund soll nun lernen, Futter nur nach Aufforderung zu nehmen: Halten Sie ihm dazu die flache Hand mit einem Leckerli hin, fixieren Sie dieses aber mit dem Daumen. Will er das Leckerli nehmen, machen Sie sofort eine Faust und warten, bis er einen Schritt zurückgeht. Erst dann öffnen Sie die Faust wieder. Wiederholen Sie das so oft, bis Ihr Hund nicht mehr von sich aus

versucht, an das Leckerli zu gelangen, sondern Sie abwartend ansieht. Jetzt öffnen Sie die Hand und sagen gleichzeitig „Nimm's". Üben Sie mehrmals täglich, damit sich das richtige Verhalten festigt, und bestehen Sie immer darauf, dass der Hund den Leckerbissen vorsichtig nimmt.

Meins! – Stehlen und nachlaufen

Der Hund hat einen Schuh oder ein Spielzeug gestohlen und trägt seine Eroberung mit sich herum. Das Kind läuft ihm schreiend hinterher, um sein Eigentum wieder zurückzuholen. Eine fast schon klassische Situation, wie sie wahrscheinlich fast jede Familie mit Hund bereits erlebt hat. Alles Schimpfen und Nachlaufen nützt nichts, der Hund denkt gar nicht daran, seine Beute freiwillig rauszurücken, hat er doch einen riesigen Spaß an diesem lustigen Laufspiel. Endlich ist es vorbei mit der Langeweile, alle richten ihre Aufmerksamkeit nur auf ihn. Nach so einem Erfolgserlebnis wird er immer wieder Dinge stehlen, damit der Spaß aufs Neue beginnt.

Für Ihr Kind ist das aber kein Spiel. Es hat Angst um seine Sachen und wird alles versuchen, um sie zu retten. Das kann gefährlich werden, denn wenn es den Hund dabei in Bedrängnis bringt und dieser nicht mehr ausweichen kann, wird er womöglich versuchen, das gerade erst eroberte Ding zu verteidigen. Er weiß ja nicht, dass es sich dabei um das Lieblingsspielzeug Ihres Kindes handelt, er weiß nur, dass ihm seine Beute nun mit Gewalt aus dem Maul genommen wird.

Damit es gar nicht erst so weit kommt, bringen Sie Ihrem Kind am besten bei, keine Spielsachen herumliegen zu lassen. So führt es den Vierbeiner nicht in Versuchung. Falls sich der Hund aber doch einmal etwas Verbotenes schnappt, kann Ihr Kind ihm einen Tauschhandel anbieten. Er bekommt für das Gestohlene etwas Besseres, beispielsweise einen Leckerbissen oder sein Lieblingsspielzeug. Diese Methode ist weitaus Erfolg versprechender und ungefährlicher als Schreien und Nachlaufen. Ihr Kind kann die Tauschgeschäfte üben, damit es weiß, wie es reagieren soll, wenn der Hund tatsächlich einmal etwas Verbotenes im Maul hat.

So klappt's:

Wenn der Hund ein Spielzeug im Maul hat, nimmt Ihr Kind das andere Ende in die Hand. Nun zeigt es dem Hund ein zweites Spielzeug oder ein Leckerli und animiert ihn so, das Spielzeug, das er hält, loszulassen. In dem Moment, wo er sein Maul aufmacht, gibt Ihr Kind das Signal „Aus" und lobt ihn danach freundlich. Am Anfang ist es sehr wichtig, dass der Hund für das Hergeben einer Sache immer etwas anderes bekommt. So hat er nicht das Gefühl, dass man ihm nur etwas wegnehmen will. Schon nach kurzer Zeit wird er dann Dinge freiwillig hergeben, und nach einer Weile muss er auch nicht mehr jedes Mal etwas dafür bekommen.

Noch hat Zeus das Spielseil im Maul. Marlies bietet ihm die Giraffe zum Tausch an.

Zeus nimmt das neue Spielzeug und zeigt gar kein Interesse mehr an dem Seil.

Es hat geklappt! Beide sind zufrieden.

Hundeschule für Kind und Hund?!

Vielleicht kennen Sie das auch: Ihr Kind befolgt Ihre Ratschläge im Umgang mit dem Hund einfach nicht oder glaubt sogar, alles besser zu wissen. Besonders dann ist es sinnvoll, wenn Sie Kind und Hund in einer Hundeschule anmelden und sie selbstverständlich auch dorthin begleiten. Meist akzeptieren Kinder die Anweisungen und Hinweise für den Umgang mit dem Hund problemlos, wenn sie von einem Trainer der Hundeschule gegeben werden. Nehmen Sie diese Hilfe unbedingt in Anspruch. Das wird Ihnen Ihre Aufgabe sehr erleichtern und dient auch dem Wohl Ihres Hundes.

Suchen Sie nach einer Hundeschule, in der Sie und Ihr Kind sich gut aufgehoben fühlen. In den angebotenen Kursen sollten maximal sechs Mensch-Hund-Teams von mindestens zwei Trainern betreut werden. Nur so können die Trainer individuell auf jedes einzelne Team eingehen. Hinterfragen Sie die Trainingsmethoden ruhig und hören Sie auf Ihr Inneres. Fühlen Sie, Ihr Kind oder Ihr Hund sich nicht wohl, dann suchen Sie nach Alternativen.

Ist die richtige Hundeschule gefunden, können Kind und Hund dort unter professioneller Anleitung gemeinsam viel Spaß haben und werden sich rasch zu einem tollen Team entwickeln.

 Tipp
Viele Hundeschulen bieten spezielle Kind-Hund-Kurse an. Dort lernt Ihr Kind unter professioneller Anleitung den richtigen und sicheren Umgang mit seinem Hund. Fragen Sie gezielt danach.

David und Shiva haben Spaß am gemeinsamen Training. Die Übung „Sitz" klappt schon prima.

Tricks – ein Spaß für Kind und Hund.

Spaß muss sein!

Spiel und Spaß – das ist es, was sich Kinder mit ihrem Hund wünschen. Im Folgenden möchte ich Ihnen kind- und hundegerechte Spielideen und einige leicht erlernbare Tricks vorstellen. Damit sind Spaß und Spannung für alle Beteiligten garantiert.

Alle Spiele sollten unbedingt von einem Erwachsenen, begleitet werden und vor allem bei Actionspielen wie dem Seilziehen ist es wichtig, dass die Spielphasen immer nur kurz dauern, damit keinen der beiden Spielpartner der Übermut packt. Im Eifer des Gefechts kann es nämlich schon einmal passieren, dass Kind und Hund ihre Grenzen überschreiten und das Spiel außer Kontrolle gerät. Dann ist schnelles Einschreiten erforderlich, um zu verhindern, dass aus dem Spaß schmerzhafter Ernst wird.

 **Wichtig**

Schnappt der Hund in seinem Überschwang nach den Händen des Kindes, muss das Spiel umgehend unterbrochen werden. So lernt er, dass der Spaß immer dann vorbei ist, wenn er seine Zähne einsetzt, und wird sich das Schnappen bald abgewöhnen.

Auch grobes Verhalten des Kindes sollte das sofortige Ende des Spiels bedeuten.

Seilziehen

Zerrspiele mit einem Seil, bei denen das Kind ein Ende in der Hand und der Hund das andere Ende im Maul hat, sind bei Kind und Hund gleichermaßen beliebt. Sie sollten aber nur unter Aufsicht von hundeerfahrenen Erwachsenen gespielt werden, da sie nicht ganz ungefährlich sind. Schnell kann sich ein Hund nämlich in das Spiel hineinsteigern, aufgeregt auf Ihr Kind losstürmen, um sich das begehrte Seil zu holen, und es dabei mit den Zähnen verletzen oder durch sein Körpergewicht zu Fall bringen. Auch Hunde können bei Zerrspielen zu Schaden kommen. Vor allem ältere Kinder ziehen manchmal so kräftig am Seil, dass ein kleiner Hund oder ein Welpe ein Stück durch die Luft geschleudert wird. Dabei besteht erhebliche Verletzungsgefahr für das Tier.

Die Grundvoraussetzung für Zerrspiele ist, dass Ihr Hund die Kommandos „Nimm" und „Aus" beherrscht, damit das Spiel immer

David und Zeus spielen mit dem Seil. Noch sind beide recht zaghaft.

kontrollierbar bleibt und wenn nötig mit einem „Aus" unterbrochen werden kann.

So klappt's:

Für das Training nimmt Ihr Kind einige größere Leckerlis in eine Hand. In der anderen hält es das Spielseil oder ein ähnliches Spielzeug, das mindestens 30 Zentimeter lang sein sollte, um genügend Sicherheitsabstand zwischen der Kinderhand und den Hundezähnen zu gewährleisten. Nun wedelt das Kind mit dem Seil vor der Nase des Hundes, bis er es in sein Maul nimmt. Genau in diesem Moment sagt Ihr Kind „Nimm". Der Hund wird sofort ein Zerrspiel beginnen, worauf das Kind zunächst auch eingeht. Nach ganz kurzer Zeit hört es aber auf zu ziehen, ohne das Spielzeug loszulassen, und hält dem Hund sofort ein Leckerli vor die Nase. Genau in dem Moment, wo der Hund sein Maul öffnet, sagt Ihr Kind „Aus" und gibt ihm seinen Leckerbissen. Dieser Ablauf wird ein paarmal wiederholt, um dem Hund zu zeigen, dass ihm das Spielzeug nicht endgültig weggenommen wird, sondern das Spiel nach dem Ausgeben wieder von Neuem beginnt.

Hol den Ball

Von Wurfspielen mit Bällen, bei denen der Hund wie verrückt hin und her rennt, rate ich ab. Kinder und Hunde sind von solchen Spielen zwar gleichermaßen begeistert, allerdings ist die Verletzungsgefahr für den Hund nicht

Jan hat die Kurzhaar-Colliehündin Shiva in die Sitzposition gebracht und zeigt ihr den Ball.

Nun legt er den Ball aus. Währenddessen wartet Shiva geduldig, bis Jan wieder bei ihr ist und das Kommando zum Loslaufen gibt.

Freudig bringt Shiva den Ball zurück.

zu unterschätzen. Die Gelenke werden übermäßig stark beansprucht, und immer wieder kommt es zu Wirbelverletzungen, weil sich der Hund beim Sprung nach dem Ball ungünstig gedreht hat. Auch entwickeln sich viele Hunde mit der Zeit zu richtigen Balljunkies, die unter Dauerstress stehen, weil sie ständig auf fliegende Bälle warten und zu keinem anderen Spiel mehr fähig sind.

Wenn Ballspiele gespielt werden, dann als Apportierspiel. Dabei wird der Ball ausgelegt oder geworfen, während der Hund ruhig wartet. Erst auf ein Kommando darf er loslaufen und den Ball holen. So kommt Ruhe ins Spiel, und gleichzeitig fördert man die Impulskontrolle des Hundes. Was Impulskontrolle ist, beschreibt Christina Sondermann in ihrem Buch „Spiele für die Hundestunde" sehr anschaulich: „Beim Freilaufspaziergang springt plötzlich ein Reh über den Weg – und anstatt Hals über Kopf hinterherzujagen, bleibt der Hund erst einmal stehen und ‚fragt' seinen Menschen. So etwas zeugt von einer guten Impulskontrolle – der Fähigkeit, sich selbst zu beherrschen. Je besser ein Hund das kann, umso weniger müssen Sie ihn kontrollieren – und umso mehr können Sie sich im Alltag auf ihn verlassen." In diesem Buch finden Sie übrigens zahlreiche weitere Anleitungen für sinnvolle Erziehungsspiele. Viele davon können auch Kinder bereits mit dem Hund spielen.

So klappt's:

Ihr Hund sollte schon ohne Probleme im Sitz bleiben, auch dann, wenn Sie oder Ihr Kind sich von ihm wegbewegen. Beherrscht er diese Übung noch nicht zuverlässig, können Sie ihn auch festhalten. Nachdem Ihr Kind den Hund in die Sitzposition gebracht hat, entfernt es sich einige Meter von ihm, legt den Ball aus und geht wieder zum Hund zurück. Beim Hund angekommen, wartet es noch einige Sekunden, bevor es das Kommando zum Loslaufen gibt. Erst dann darf der Hund den Ball holen. Als Hörzeichen eignen sich Wörter wie „Voran", „Apport" oder auch einfach „Ball".

Raufen, Ringen, Fang mich

Kinder möchten mit Hunden oft so spielen, wie sie es auch mit gleichaltrigen Kindern tun würden. Zu ihrem Repertoire gehören auch Raufen und spielerische Ringkämpfe. Mit Hunden sollten Sie solche Kampfspiele nicht zulassen, besonders dann nicht, wenn es sich um einen Welpen handelt. Der junge Hund würde nämlich von klein auf lernen, dass er grob mit Kindern spielen darf. Was mit einem Welpen noch lustig ist, wird mit erwachsenen und größeren Hunden oft zu einem ernsthaften Problem. Schnell wird das Spiel zu wild und gerät außer Kontrolle.

Auch die bei Kindern so beliebten Fangspiele sollten Sie mit Hunden nicht erlauben. Sie sind auf den ersten Blick zwar meist sehr lustig, können jedoch bei einem Hund den Jagd- und Beutetrieb fördern. Der aufgeregte Hund könnte versuchen, das Kind mit den Zähnen zu schnappen und festzuhalten, oder

Lieber nicht! Auch mit einem süßen Welpen sollten Kinder keine Raufspiele spielen.

es von hinten anspringen, was besonders bei jüngeren Kindern mit schlimmen Stürzen enden kann. Zudem wird ein Hund, dem Fangspiele mit Kindern erlaubt wurden, nicht nur bekannten Kindern nachlaufen, sondern auch vor fremden Kindern nicht haltmachen.

Suchen Sie lieber gemeinsam mit Ihrem Kind nach ungefährlichen Spielen, die Kind und Hund Spaß machen.

Nasenspiele

Die Nase ist das wichtigste Sinnesorgan eines Hundes. Die eingeatmeten Duftstoffe helfen ihm bei der Orientierung in seiner Umwelt. Mit seinem Geruchssinn kann er deshalb Gerüche viel intensiver wahrnehmen als wir Menschen. Nasenspiele sind eine tolle Beschäftigungsmöglichkeit, die den Hund geistig auslastet, ihn ruhiger und ausgeglichener werden lässt. Auch für Ihr Kind sind Nasenspiele eine spannende Alternative zu wilden, unkontrollierten Spielen. Es beschäftigt sich dabei intensiv mit dem Hund und wird so mehr Verständnis für ihn entwickeln.

Besonders viel Freude haben Kinder an der Suche nach Gegenständen. Der Hund kann zum Beispiel lernen, nach einem bestimmten Spielzeug zu suchen oder von mehreren nebeneinanderliegenden Spielzeugen genau das zu bringen, das das Kind haben möchte.

Der Vorteil von Nasenspielen ist, dass man sie bei schönem Wetter draußen, an Regentagen aber genauso gut auch im Haus spielen kann.

Versteckspiele machen Kindern und Hunden großen Spaß! Marlies wird das Spielzeug gleich im Gebüsch verstecken. Dort soll Zeus es dann suchen.

So klappt's:

Es gibt mehrere Möglichkeiten, die Suche nach Gegenständen zu üben. Ich möchte Ihnen hier die für Kinder leichtere Variante vorstellen.

Denken Sie sich gemeinsam mir Ihrem Kind Namen für die Spielzeuge aus, mit denen Sie üben wollen. Ihr Kind nimmt eines der Spielzeuge und animiert den Hund dazu, es zu nehmen. Sobald er es in sein Maul nimmt, sagt Ihr Kind sofort den Namen des jeweiligen Spielzeugs, lobt den Hund freudig und spielt mit ihm und diesem Spielzeug. Nach einigen Wiederholungen wird der Hund den Namen mit dem Spielzeug in Verbindung bringen, und Ihr Kind kann beginnen, das Spielzeug in seiner Nähe auszulegen, während Sie den Hund sanft festhalten. Dann lassen Sie ihn los, und das Kind sagt gleichzeitig den Namen des Spielzeugs, zum Beispiel „Kroko" für das Stoffkrokodil.

Läuft der Hund sofort zu dem Krokodil hin und nimmt es auf? Super! Der erste Schritt ist getan. Um zu sehen, ob der Hund den Unterschied zwischen seinem „Kroko" und anderen Spielsachen verstanden hat, legt Ihr Kind das Krokodil zusammen mit einem oder zwei anderen Spielzeugen auf dem Boden aus. Die Spielzeuge sollten in einigem Abstand voneinander liegen. Nun gibt es dem Hund wieder das Signal „Kroko". Wichtig ist, dem Hund nicht bei der Suche zu helfen, sondern ihn allein arbeiten zu lassen. Bringt er auch dann das richtige Spielzeug, hat Ihr Kind es geschafft! Nun kann dieselbe Übung mit den anderen Spielzeugen wiederholt werden.

Spektakulär wird es, wenn Ihr Kind dem Hund all seine Spielsachen hinlegt und er daraus das Gewünschte heraussucht. Für den Hund wird dieses Nasenspiel noch etwas interessanter, wenn Ihr Kind die Spielsachen versteckt und ihn danach suchen lässt.

 Tipp
Viele Hundeschulen bieten spezielle Kurse für die Nasenarbeit an. Wenn Ihr Kind schon etwas älter ist und Spaß an Suchspielen mit dem Hund hat, schlagen Sie ihm doch vor, dass sie beide gemeinsam einen solchen Kurs besuchen.

Holzspielzeuge

Nicht nur die oben beschriebenen Nasenspiele sind eine ruhige, aber spannende Alternative zu den sportlicheren Apportier- und Zerrspielen. Auch die seit einiger Zeit im Hundefachhandel erhältlichen Holzspielzeuge bieten interessante Beschäftigungsmöglichkeiten für Kind und Hund. Hier ist

Hier ist Köpfchen gefragt. Shiva riecht das Leckerli und überlegt, wie sie es bekommen kann.

ebenfalls mehr Köpfchen als körperlicher Einsatz gefragt. Es gibt einige Varianten, das Grundprinzip ist aber immer ähnlich: In vorgesehene Öffnungen werden Leckerlis gefüllt, und der Hund muss Aufgaben unterschiedlicher Schwierigkeitsgrade erfüllen, um an die Leckereien zu gelangen. Beispielsweise muss er über die Öffnungen gestülpte Holzklötze umstoßen, Holzkugeln wegrollen oder eine Holzlade, an der ein Seil befestigt ist, aus einer Box ziehen.

Im Anhang finden Sie Adressen von Onlineshops, die viele verschiedene Holzspielzeuge verkaufen.

Spaziergänge

Spaziergänge sollten immer ganz dem Hund gewidmet werden. Beschäftigen wir uns nicht mit dem Hund, sind wir langweilige Partner für einen Spaziergang. Er wird sich dann sehr bald für ihn interessanteren Dingen zuwenden wie Jagen oder zu anderen Menschen und Hunden laufen.

 *Wichtig*
Wenn Sie den Hund beim Spaziergang ohne Leine laufen lassen, sollten Sie sich sicher sein, dass er auf Ihren Ruf jederzeit zuverlässig kommt.

Gemeinsame Spiele machen Spaziergänge für Kind und Hund zu einem wahren Erlebnis. Hier einige Ideen für spannende Ausflüge:

- **Personen suchen:** Sie halten den Hund fest, Ihr Kind versteckt sich hinter einem Baum und ruft nach dem Hund. Nun schicken Sie ihn los und lassen ihn das Kind suchen.
- **Hindernisse überwinden:** Kind und Hund klettern gemeinsam über Baumstämme, große Steine oder Schotterhaufen.
- **Bringspiele:** Ihr Kind lässt den Hund während des Spaziergangs immer wieder Sitz oder Platz machen und legt ein Spielzeug aus, das der Hund auf Kommando wiederbringt. Achtung: Hunde legen oder setzen sich nicht gern auf einen steinigen oder harten Untergrund.
- **Leckerlis oder Spielzeug suchen:** Der Hund wartet, bis das Kind einen Leckerbissen oder ein Spielzeug versteckt hat. Dann darf er es suchen.

Tricks – ein ganz besonderer Spaß

Kinder und Hunde lieben Tricks! Das Üben von Tricks ist aber nicht nur ein großer Spaß für alle Beteiligten, sondern fordert auch viel „Denkarbeit" von Ihrem Hund. Es dient deshalb gleichzeitig seiner geistigen Auslastung. Durch das gemeinsame Training wird sich zudem die Bindung zwischen Kind und Hund vertiefen. Damit sich Kind und Hund bald über erste Erfolge freuen können, habe ich aus der großen Auswahl an möglichen Tricks drei ausgewählt, die besonders leicht zu erler-

Spieltipp

Der Leckerlibaum

Das war das Lieblingsspiel meines Sohnes Lukas. Nehmen Sie mehrere größere Wurststücke zum Spaziergang mit. Irgendwo auf dem Weg leinen Sie den Hund an oder lenken ihn ab, sodass Ihr Kind ein Stück vorauslaufen und die Wurststücke an die Äste eines Strauches stecken kann, einige davon in einer Höhe, die für den Hund gut erreichbar ist, andere etwas höher. Es muss aber darauf achten, dass die Enden der Äste stumpf sind, damit sich der Hund nicht daran verletzen kann. Wenn es damit fertig ist, soll Ihr Kind wieder zu Ihnen zurückkommen und dann gemeinsam mit dem Hund den Würstelstrauch „entdecken". Nun darf der Hund die Leckerbissen genüsslich vom Strauch fressen. Um an die höher steckenden Wurststücke zu gelangen, braucht er die Hilfe Ihres Kindes, das die Äste für ihn herunterbiegen muss. So lernt er, dass er unbedingt einen seiner Menschen braucht, um an alle Leckerbissen zu gelangen. Sie werden bald merken, dass Ihr Hund immer öfter die Nähe Ihres Kindes sucht, in der Hoffnung, wieder einen Leckerlibaum zu entdecken.

Marlies steckt die Wurststückchen in unterschiedlichen Höhen auf die Äste eines Strauchs.

Zeus hat alle Leckerbissen in für ihn erreichbarer Höhe gefressen. Nun biegt Marlies die Äste für ihn herunter und hilft ihm so, an die weiter oben befestigten Wurststückchen zu gelangen.

nen sind. Wichtig ist, dass Ihr Kind die Tricks in kleinen Schritten mit dem Hund übt und nicht länger als fünf bis zehn Minuten am Stück seine Aufmerksamkeit fordert. Ungeduld ist hier fehl am Platz. Auch sollte immer nur ein Trick auf einmal geübt werden. Erst wenn der Hund einen Trick sicher beherrscht, kann man mit dem nächsten beginnen. Alles andere würde ihn verwirren und bringt Enttäuschung für beide Seiten.

Tipp

Hunde und auch Kinder können sich nur eine begrenzte Zeit lang konzentrieren. Täglich mehrere kurze Übungseinheiten (fünf bis zehn Minuten) sind deshalb sinnvoller und effektiver als eine lange.

Hunde jeden Alters sind beim Tricktraining begeistert bei der Sache. Eine Altersgrenze gibt es nicht. Bedenken Sie aber, dass Welpen sich nicht so lange konzentrieren können wie erwachsene Hunde und nicht in der Lage sind, schwierige Tricks zu lernen. Auch Tricks, bei denen hohe oder weite Sprünge gefordert sind, sollten Welpen noch nicht üben. Die noch weichen Gelenke der Kleinen könnten dauerhaft geschädigt werden. Bei älteren Hunden gilt es, Rücksicht auf die körperliche Gesundheit zu nehmen. Wenn Sie bemerken, dass das Ausführen eines Tricks Ihrem Hund Schmerzen bereitet, dann brechen Sie die Übung bitte unbedingt ab. Es gibt so viele verschiedene Tricks, da findet sich sicher der eine oder andere, der auch für Ihren Hund geeignet ist.

Wichtig!

Ein voller Bauch trainiert nicht gern! Vor dem Tricktraining wie auch vor allen anderen Übungseinheiten sollte Ihr Hund zwei bis drei Stunden nichts mehr gefressen haben, sonst drohen Magenschmerzen und Erbrechen. Vor allem bei größeren Rassen besteht schlimmstenfalls sogar die Gefahr einer lebensgefährlichen Magendrehung.

Pfötchen geben

Das „Pfötchengeben" ist ein einfaches Kunststück, das auch Welpen schon ganz leicht lernen können. Ihr Kind wird stolz sein, wenn sein Hund Verwandten und Freunden zur Begrüßung die Pfote reicht.

So klappt's:

Ihr Kind bringt den Hund in die Sitzposition und kniet sich vor ihn. Nun nimmt es vor seinen Augen ein Leckerli in die Hand, umschließt es mit der Faust und streckt dem Hund die geschlossene Faust entgegen. Dieser wird nun die Hand beschnuppern und dann versuchen, an das Leckerli zu gelangen. Genau in dem Moment, wo er dazu seine Pfote benutzt und damit an der Faust des Kindes kratzt, wird er mit einem „Ja" oder „Fein" bestätigt. Das Leckerli bekommt er jedoch nicht aus der Faust, sondern aus der anderen Hand. Das hat den Vorteil, dass der Hund nicht denkt, es gehe nur darum, ein Leckerli „auszugraben". So wird er sich später leichter tun, wenn Ihr Kind ihm nur noch die leere Hand hinhält. Der Übungsschritt wird so oft wiederholt, bis der Hund jedes Mal ohne Zögern seine Pfote auf die Faust legt. Nun kann das Kind ihm nur noch die flache Hand ohne Leckerli hinhalten.

Sobald der Hund zuverlässig die Pfote gibt, wenn man ihm die Hand hinhält, kann Ihr Kind jedes Mal „Hallo" dazu sagen. Schon bald wird der Hund dieses Wort als Signal für das Pfötchengeben erkennen.

In der Faust hat Jan ein Leckerli versteckt. Das animiert Shiva dazu, ihre Pfote auf die Faust zu legen.

Bereits nach wenigen Übungseinheiten beherrscht Shiva die perfekte Begrüßung.

 Tipp

Oft geben Hunde die Pfote, ohne dass sie es gelernt haben. Wenn dies der Fall ist, muss man nur noch das freiwillige „Pfötchenge-ben" mit einem Kommando verbinden, und schon bald macht es der Hund auch dann, wenn Ihr Kind ihn dazu auffordert.

Rolle

Bei diesem Trick rollt sich der Hund einmal um die eigene Achse. Die Ausgangsposition für die Rolle ist das „Platz". Diese Übung sollte Ihr Hund bereits zuverlässig ausfüh-ren.

Jan übt mit Zeus die Rolle. Geschickt führt er das Leckerli so, dass Zeus sich erst zur Seite fallen lässt und dann über den Rücken rollt.

So klappt's:

Ihr Kind lässt den Hund die Platz-Position einnehmen und kniet sich vor ihn. Dann nimmt es ein Leckerli und führt es in einem Bogen von der Nase des Hundes in Richtung Schulterblatt. Der Hund muss sich auf die Seite drehen, um das Leckerli mit dem Blick zu verfolgen. Schon dieser erste Schritt wird mit einem Leckerli belohnt. Als Nächstes führt Ihr Kind das Leckerli weiter so langsam über den Körper des Hundes, dass er es mit den Augen verfolgen kann. Sobald er sich auf die andere Seite gedreht hat, wird er wieder belohnt. Das Leckerli für den Zwischenschritt wird jetzt langsam abgebaut, und der Hund wird nur noch belohnt, wenn er ganz herumrollt. Das Signal „Rolle" gibt Ihr Kind erst dann dazu, wenn der Hund die Übung bereits ohne das Leckerli für den Zwischenschritt ausführt und ohne zu zögern einmal um sich selbst rollt. Beeindruckender ist es aber, wenn der Hund nur auf eine Handbewegung hin die Rolle macht.

 Tipp

Alternativ kann Ihr Kind auch das Totstellen üben. Dabei legt sich der Hund nur auf die Seite, rollt sich aber nicht herum. Nach dem ersten Schritt für die Rolle ist das Ziel bereits erreicht – der Hund liegt auf der Seite. Nach einigen gelungenen Übungseinheiten kann Ihr Kind dafür als Hörzeichen „Peng" einführen.

Sprung durch Reifen

Für diesen Trick braucht man einen Hula-Hoop-Reifen. Klappt der Sprung durch den Reifen zuverlässig, können Kind und Hund ihre Zuschauer mit einer zirkusreifen Vorstellung begeistern. Besonders spektakulär wird es, wenn der Hund durch einen mit Papier bespannten Reifen springt.

So klappt's:

Ihr Kind stellt den Reifen auf dem Boden ab, hält ihn aufrecht und lockt den Hund mit einem Leckerli durch. Wenn er auf der anderen Seite des Reifens angekommen ist, bekommt der Hund das Leckerli. So wird er erst einmal mit dem Reifen vertraut gemacht. Nach zwei bis drei Wiederholungen kann Ihr Kind den Reifen etwa fünf Zentimeter vom Boden weghalten und den Hund durchspringen lassen. Immer in dem Moment, wo der Hund springt, gibt es das Kommando „Hopp". Auch dieser Schritt sollte zwei- oder dreimal wiederholt werden. Springt der Hund freudig durch den Reifen, kann Ihr Kind den Reifen der Größe des Hundes entsprechend noch etwas höher halten.

Für die spektakuläre Variante brauchen Sie zusätzlich zu dem Reifen noch einige Bögen buntes Seidenpapier. Daraus schneidet Ihr Kind mehrere etwa zehn Zentimeter breite Streifen, von denen es zunächst drei an dem Reifen befestigt. Nun lässt es den Hund wieder mehrmals durch den Reifen springen. Wenn das gut klappt, werden immer mehr Streifen befestigt, bis der Hund ohne Zögern durch den Reifen voller Streifen springt. Erst dann wird der gesamte Reifen mit Seidenpapier zugeklebt. Ein langer Schnitt in der Mitte des Papiers erleichtert dem Hund die Übung. Dort streckt Ihr Kind die Hand mit einem Leckerli hindurch und

Anfangs lockt Jaqueline den Border Collie Angelo mit einem Leckerli durch den am Boden stehenden Reifen.

Nach einigen Wiederholungen springt Angelo schon ganz ohne Leckerli durch den Reifen.

die Hand mit einem Leckerli hindurch und lockt ihn damit langsam durch den Reifen. Achten Sie unbedingt darauf, dass der Hund beim Zerreißen des Papiers keine Angst zeigt. Falls doch, können Sie das Papier zunächst mehrmals einschneiden, um die Übung zu vereinfachen. Bis man zum letzten Schritt, dem richtigen Sprung durch das Papier, übergehen kann, sollte das langsame Durchgehen sehr oft geübt worden sein.

Schneiden Sie das Papier auch dann noch mindestens einmal ein, wenn Ihr Hund den Durchsprung schon sicher beherrscht. Damit erleichtern Sie ihm die Ausführung dieses Tricks sehr.

 Aus der Praxis

Wenn unser Sohn Lukas mit unserem Hund Foxi Tricks geübt hat, war es herrlich zu sehen, mit wie viel Geduld er bei der Sache war und wie viel Spaß die beiden miteinander hatten. Beide freuten sich über jeden noch so kleinen Erfolg, und es gab jede Menge Leckerlis für Foxi. Mächtig stolz war Lukas auf seinen klugen Hund, wenn er mit ihm die gelernten Tricks vorführen konnte und die anderen Kinder nur so staunten.

Das Mädchen hat ein wenig Angst vor dem Border Collie, traut sich aber mit Unterstützung der Mutter, die schützend den Arm um sie gelegt hat, ein bisschen näher an den Hund heran.

Wenn sich Kinder vor Hunden fürchten

Viele Kinder freuen sich, wenn sie einem Hund begegnen. Sie fühlen sich in besonderer Weise zu diesen Tieren hingezogen. Was aber tun, wenn es Ihrem Kind anders geht? Wenn es sich in Anwesenheit eines Hundes nicht wohl fühlt, ängstlich reagiert oder sogar in Panik gerät?

Was ist Angst, und woher kommt sie?

Angst ist zwar kein angenehmes, aber ein ganz natürliches Gefühl, das eine wichtige Rolle im Leben unserer Kinder spielt. Die normale Angst – man könnte auch von gesunder Vorsicht sprechen – hält Kinder davon ab, sich in Situationen zu begeben, die eine Bedrohung für ihr Wohlbefinden bedeuten und die sie nicht bewältigen können. Unerschrockene Kinder können Gefahren schlechter einschätzen und geraten dadurch öfter in Schwierigkeiten.

Kinder können Angst aber auch von ihren Eltern oder anderen Bezugspersonen lernen. Wer selbst schon einmal schlechte Erfahrungen mit Hunden gemacht hat und deshalb Angst oder zumindest Unsicherheit verspürt, wenn er einem Hund begegnet, wird das vor seinem Kind nicht verstecken können. Kinder haben sehr feine Antennen und spüren solche Ängste.

Viele Eltern äußern ihre Angst auch ganz konkret. Mit den Worten: „Sei vorsichtig", „Geh zur Seite" oder „Wir wissen nicht, ob der beißt", halten sie ihr Kind von Hunden fern und fördern damit die Scheu vor diesen Tieren.

Ein weiterer Grund für die Entwicklung von Ängsten sind persönliche negative Erfahrungen. Der Auslöser muss nicht unbedingt etwas so Gravierendes wie ein Hundebiss sein. Oft reicht es schon, wenn ein Kind von einem übermütigen Hund im Spiel unangenehm angerempelt oder umgestoßen wird.

 Wichtig

Respektieren Sie die Angst Ihres Kindes und machen Sie sich nicht darüber lustig. Zwingen Sie ihm den Kontakt zu Hunden nicht auf, sondern vermitteln Sie ihm, dass es in Ordnung ist, Angst zu haben, und helfen Sie ihm behutsam dabei, seine Angst zu überwinden.

Mein Kind hat Angst – was kann ich tun?

Wenn Kinder mit Hundeangst einem Hund begegnen, reagieren sie oft panisch, schreien und laufen weg. Dies löst allerdings bei den meisten Hunden den Spieltrieb oder auch den Jagdinstinkt aus – sie laufen dem Kind hinterher, was seine Angst noch verstärkt. In solchen Situationen ist es wenig hilfreich, selbst hektisch zu reagieren und mit dem Kind, dem Hund oder dem Hundebesitzer zu schimpfen. Versuchen Sie lieber, Ihr Kind zu beruhigen, und scheuen Sie sich auch nicht, einem Ihnen entgegenkommenden Hundebesitzer zu sagen, dass Ihr Kind Angst vor Hunden hat, und ihn freundlich zu bitten, seinen Hund an die Leine zu nehmen. Die meisten Hundebesitzer werden gern Rücksicht nehmen und ihren Hund zu sich rufen.

Wenn Sie Ihrem Kind helfen wollen, seine Angst zu überwinden, ist Aufklärung das Wichtigste, denn Angst hat man oftmals vor etwas Unbekanntem, das man nicht einschätzen kann. Wenn Ihr Kind also möglichst viel über das ihm noch unbekannte und deshalb Angst einflößende Wesen „Hund" erfährt und dessen Verhalten versteht und einordnen kann, wird es sich schon bald sicherer fühlen.

Ist die Angst Ihres Kindes so ausgeprägt, dass es beginnt, Alltagssituationen aus Angst vor Hunden zu vermeiden, sollten Sie unbedingt Hilfe bei einem Therapeuten suchen. Denn es ist so gut wie unmöglich, Hunden aus dem Weg zu gehen, man trifft sie überall. Noch dazu begibt sich Ihr Kind in Gefahr, wenn es vom sicheren Schulweg abweicht, weil ihm hier vielleicht jeden Tag ein Hund entgegenkommt, oder wenn es bei der Begegnung mit einem Hund panisch vom Gehsteig flüchtet und auf die Straße springt. Kinder lernen im Umgang mit einem gut ausgebildeten Hund unter professioneller Anleitung sehr schnell, ihre Ängste zu überwinden. Nutzen Sie diese Möglichkeit!

 Tipp

Wenn Sie selbst Besitzer eines kinderlieben Hundes sind, sollten Sie nicht vergessen, dass es Kinder und auch Erwachsene gibt, die Angst vor Hunden haben. Nehmen Sie Rücksicht und leinen Sie Ihren Hund an, wenn Ihnen jemand entgegenkommt.

Obwohl dieser Hund mit seinem Spielzeug im Maul freundlich aussieht, könnte es sein, dass er keine Kinder mag.

Fremde Hunde – Spielgefährten für Kinder?

Kinder fühlen sich von fremden Hunden oft geradezu magisch angezogen und wollen sie unbedingt streicheln und mit ihnen spielen.

Ganz besonders verlockend sind Welpen oder Hunde, die ein Spielzeug im Maul tragen. Das Spielen mit fremden Hunden sollten Sie aber lieber nicht erlauben. Da Kind und Hund nicht miteinander vertraut sind, besteht die Gefahr, dass eine unbedachte Bewegung des Kindes den Hund verunsichert oder erschreckt und zu einer Abwehrreaktion veranlasst. So kann ein Spiel, das zunächst harmlos begonnen hat, schnell böse enden.

Auch wenn ein Hund noch so lieb und nett wirkt: Wir können es ihm nicht ansehen, ob er mit Kindern gute Erfahrungen gemacht hat und tatsächlich freundlich reagieren wird oder ob ihm durch ein Kind einmal etwas Unangenehmes widerfahren ist und er sich deshalb vor Kindern fürchtet. Das Verhalten fremder Hunde ist kaum vorhersehbar.

 *Wichtig*
Kinder sollten fremden Hunden immer mit Vorsicht und Respekt begegnen und in ihnen keine Spielgefährten sehen.

Hunde an der Leine

Wenn Kinder einem angeleinten Hund begegnen, laufen sie oft ohne zu fragen auf ihn zu und wollen ihn streicheln. Meist geht das so schnell, dass der Hundebesitzer gar keine Zeit hat zu reagieren. Das kann nicht nur gefährlich sein, es ist auch einfach unhöflich. Viele Hundebesitzer wollen nämlich gar nicht, dass ihr Hund von fremden Menschen gestreichelt wird, und das sollte man respektieren. Ein Hund, auch wenn er noch so lieb und kinderfreundlich ist, ist ein Lebewesen

Erste, vorsichtige Kontaktaufnahme: Der Hund darf die Hand des Kindes beschnuppern.

und kein Kuscheltier, das sich jederzeit und von jedem anfassen lassen muss.

Aus Höflichkeit und auch zu seinem Schutz muss es daher für Ihr Kind selbstverständlich werden, immer vorher zu fragen, ob es einen Hund streicheln darf.

Ein fremder Hund, der angeleint vor einem Supermarkt auf seinen Besitzer wartet, darf

So ist es richtig. Der Junge bleibt ruhig, wendet den Kopf ab und lässt die Arme hängen. Der Hund wird schon bald das Interesse an ihm verlieren.

auf keinen Fall angefasst oder gar geärgert werden. Durch die Leine hat er nicht die Möglichkeit zurückzuweichen, wenn er den aufgedrängten Kontakt vermeiden möchte.

So klappt's:

Wenn der Besitzer das Streicheln erlaubt hat, sollte Ihr Kind nicht einfach auf den Hund zugehen, sondern ihm zuerst einmal die Möglichkeit geben, an seiner Hand zu schnuppern. So kann der Hund selbst entscheiden, ob er näher kommen möchte oder nicht. Dazu geht das Kind ein Stück vor dem Hund in die Hocke und streckt ihm langsam und knapp über dem Boden seine Hand entgegen, ohne ihn dabei zu berühren. Im Normalfall wird der Hund von sich aus Kontakt aufnehmen und die Hand beschnuppern. Nun kann sich das Kind ihm vorsichtig seitlich nähern, wieder in die Hocke gehen und ihn an der Seite oder der Brust streicheln.

 *Wichtig*

Kinder dürfen einen fremden Hund nur dann anfassen, wenn der Besitzer es ausdrücklich erlaubt hat.

Begegnung mit frei laufenden Hunden

Normalerweise interessiert sich ein frei laufender Hund nicht für einen ihm unbekannten Menschen. Zumindest, solange dieser sich nicht auffällig verhält. Aber genau das tun Kinder. Sobald sie einen Hund in der Ferne erblicken, stürmen sie entweder freudig auf ihn zu, oder aber sie laufen aus Angst vor ihm davon und erregen so seine Aufmerksamkeit. Der Hund wird entsprechend seiner Natur reagieren. Ein davonlaufendes Kind weckt womöglich seinen Spiel- oder Jagdtrieb, worauf er dem Kind hinterherläuft. Von einem heranstürmenden Kind könnte er sich hingegen bedroht fühlen und versuchen, sich zu verteidigen. Er kann ja nicht wissen, ob das Kind es gut mit ihm meint. Vielleicht wurde er einmal von einem ähnlich gekleideten Kind schlecht behandelt und nimmt nun an, dass alle Kinder, die so aussehen, nur mit äußerster Vorsicht zu genießen sind.

So klappt's:
Bei Begegnungen mit frei laufenden Hunden, egal ob sie freundlich oder bedrohlich wirken, sollte Ihr Kind unbedingt ruhig bleiben. Es sollte seinen Blick von dem Hund abwenden, ihn ignorieren und die Arme seitlich am Körper hängen lassen. Hat Ihr Kind einen Gegenstand in der Hand, muss es diesen sofort fallen lassen, damit der Hund keinen Anlass hat, es anzuspringen. In der Regel wird der Hund schon bald das Interesse verlieren und sich abwenden. Ist dies nicht der Fall, sollte sich Ihr Kind langsam, mit so wenigen Bewegungen wie möglich, von ihm entfernen.

Falls Ihr Kind bei der Begegnung mit einem frei laufenden Hund mit dem Fahrrad unterwegs ist, sollte es ganz langsam vorbeifahren. Am besten hört es sogar auf, in die Pedale zu treten, und lässt das Rad an dem Hund vorbeirollen. Jagt der Hund Ihrem Kind allerdings hinterher, sollte es abrupt bremsen, absteigen und sich hinter das Fahrrad stellen. Wichtig ist auch in diesem Fall, dass es sich ganz ruhig verhält und den Hund nicht ansieht.

Stürzt Ihr Kind, weil es stolpert, das Fahrrad nicht kontrollieren kann oder von dem Hund umgestoßen wird, dann muss es sich sofort zusammenrollen und den Nacken und das Gesicht mit den Armen schützen.

 Tipp
Üben Sie mit Ihrem Kind das richtige Verhalten gegenüber frei laufenden Hunden in „Trockenübungen". So fühlt es sich bei einer unerwarteten Begegnung mit einem fremden Hund sicherer.

Lass Hunde in Höfen und Gärten in Ruhe

Oft halten sich Hunde allein, ohne ihre Besitzer, im umzäunten Garten oder Hof auf. Kommt Ihr Kind beispielsweise bei einem Spaziergang dem Zaun zu nahe, kann es passieren, dass der Hund bellend auf es zustürmt. Ein Hund betrachtet Haus, Hof und Garten als sein Revier und es liegt in seiner

Natur, dieses Revier gegen Eindringlinge zu verteidigen. Ihr Kind sollte das respektieren und ohne den Hund zu beachten ruhig am Grundstück vorbeigehen. Auf keinen Fall darf es ihn unnötig reizen, indem es etwa mit Gegenständen nach ihm wirft oder ihn anderweitig neckt und ärgert. Hunde haben ein gutes Gedächtnis, und man weiß nie, ob man nicht genau diesem Hund einmal auf der Straße begegnet. Er wird sich an diese für ihn unangenehme Situation erinnern und gegenüber Ihrem Kind ein aggressives Verhalten zeigen.

 Wichtig

Ihr Kind darf niemals ein fremdes Grundstück betreten, auf dem sich ein Hund aufhält. Auch dann nicht, wenn es seinen Lieblingsball beim Spielen über den Zaun geworfen hat. In diesem Fall sollte es sich immer an den Hundebesitzer wenden und ihn bitten, den Ball wieder zurückzugeben.

Für Kinder ist es unmöglich und sehr gefährlich, raufende Hunde zu trennen.

Raufende Hunde

Hunde spielen gern mit anderen Hunden, und es kann auch schon mal passieren, dass aus einem zunächst harmlosen Spiel plötzlich Ernst wird. Schnell ist eine heftige Rauferei im Gange.

Wenn ein Kind das sieht, kann es sein, dass es sich den Raufern nähert und den Streit schlichten möchte. Vor allem wenn der eigene Hund daran beteiligt ist, wird Ihr Kind große Angst um seinen Liebling haben und ihn retten wollen. Lassen Sie das auf keinen Fall zu! Raufende Hunde hören und sehen nicht mehr, was um sie herum passiert. Ein kämpfender Hund konzentriert sich nur auf seinen Gegner und lässt sich durch nichts ablenken. Er ist beim Raufen blind, taub und gefühllos. Es spielt keine Rolle, ob es sich dabei um einen fremden oder um den eigenen Hund handelt. Auch der eigene Hund würde es nicht merken, wenn er in eine Hand

beißt, die ihm eigentlich nur helfen will. Selbst für Erwachsene ist es äußerst schwierig, raufende Hunde zu trennen. Für Kinder ist es ganz und gar unmöglich und überaus gefährlich!

Oft sieht so eine Rauferei übrigens schlimmer aus, als sie ist. Zu ernsthaften Verletzungen kommt es relativ selten. Meist wollen Hunde nur ausprobieren, wer der Stärkere ist, und hören von selbst wieder auf.

 *Wichtig*

Wenn Hunde raufen, dürfen Kinder niemals eingreifen!

*Kinder sind
alt genug, um
zu trauern, wenn sie
alt genug sind, um
zu lieben.*

Kinder nehmen Abschied

Mein erster Hund Sammy starb plötzlich im Alter von vier Jahren. Ich selbst war damals gerade zwölf Jahre alt. Er starb in der Nacht, und meine Eltern erzählten es mir erst, als ich wieder von der Schule nach Hause kam und Sammy schon weggebracht worden war. Ich verstand die Welt nicht mehr. Warum nur hatte er mich verlassen, wie konnte er das nur tun? Wir waren doch so gute Freunde! Was sollte ich nur ohne ihn machen? Was

war mit ihm passiert? Wo war er jetzt? Warum konnte ich ihn nicht noch einmal sehen und streicheln? Warum durfte ich nicht Abschied nehmen?

Wenn der Hund stirbt, sind Eltern oft ratlos und unsicher, wie sie ihrem Kind den Tod seines besten Freundes erklären sollen. Viele unterdrücken ihre eigenen Gefühle, weil sie glauben, sie müssten ihr Kind vor der Realität Tod schützen, sie nicht mit etwas belasten, was sie noch nicht verstehen können. Kinder werden jedoch schon von klein an mit dem Sterben konfrontiert und machen sich auch ihre eigenen Gedanken darüber. Tauschen Sie sich mit Ihrem Kind aus, bevor es sich durch eigene Gedanken und unbeantwortete Fragen vor dem Sterben fürchtet. Ein toter Vogel am Wegesrand wäre zum Beispiel ein guter Anlass, mit Ihrem Kind über dieses Thema zu sprechen.

Verstecken Sie Ihre eigene Trauer über den Tod Ihres Hundes nicht vor Ihrem Kind, sondern trauern Sie gemeinsam. So wird der Tod nicht als etwas Schreckliches empfunden, über das nicht geredet werden darf. „Ich kann dich gut verstehen, mir fehlt Bella auch sehr. Möchtest du darüber sprechen?", ist besser als ein „Sei nicht traurig". Drängen Sie Ihrem Kind keine Fragen auf, aber beantworten Sie die Fragen, die es von sich aus stellt, immer ehrlich, egal in welchem Alter es ist. Ihr Kind wird spüren, wenn Sie lügen, und möglicherweise wird es dann beginnen, daran zu zweifeln, ob Sie ihm denn überhaupt je die Wahrheit sagen.

Vermeiden Sie auch Umschreibungen des Todes. Diese können bei Kindern Ängste hervorrufen. Die Erklärung: „Dein Freund war krank, er ist eingeschlafen und ist jetzt im Tierhimmel", könnte beispielsweise zur Folge haben, dass Ihr Kind von nun an Angst hat, auch zu sterben, wenn es krank ist oder einschläft. Auch Sätze wie: „Der liebe Gott hatte Bella so lieb, dass er sie zu sich in den Himmel geholt hat", sind nur vermeintlich kindgerecht. Ihr Kind wird sich dann viel-

leicht fragen, ob der liebe Gott jetzt auch bald noch jemanden aus der Familie oder gar es selbst in den Himmel holt.

Der Tod ist nun einmal Bestandteil unseres Lebens, und es ist wichtig, dass man Kindern ein natürliches Verständnis für das Sterben und für die Trauer vermittelt. Geben Sie Ihrem Kind die Möglichkeit, sich von seinem Hund zu verabschieden, und lassen Sie es auch selbst entscheiden, ob es beim Einschläfern dabei sein möchte oder ob es anschließend den Hund noch einmal sehen möchte, um ihn zu streicheln.

So helfen Sie Ihrem Kind

Kinder trauern unterschiedlich, manche kürzer, manche länger. Bei manchen Kindern könnte man sogar glauben, dass sie gar nicht trauern. Das ist aber nicht so. Sie verdrängen ihre Trauer nur, und es kann sein, dass sie viele Jahre später erst zutage tritt.

Oft verlieren trauernde Kinder vorübergehend den Appetit oder die Freude am Spielen. Einige werden auch laut und wütend oder suchen einen Schuldigen für das Geschehene. Das können beispielsweise die Eltern sein, weil sie in den Augen des Kindes nicht gut genug auf den Hund aufgepasst haben, oder auch der Tierarzt, weil er ihm nicht helfen konnte. Zeigen Sie in jedem Fall Verständnis und geben Sie Ihrem Kind die Möglichkeit, seinen Gefühlen freien Lauf zu lassen. Schwelgen Sie gemeinsam in Erinnerungen. Erzählen Sie sich gegenseitig die Erlebnisse mit dem Hund und freuen Sie sich über die vielen schönen Jahre, die Sie mit ihm erleben durften. Schreiben Sie mit Ihrem Kind einen Brief an den Hund oder eine Geschichte über den Hund oder malen Sie gemeinsam ein Bild – so können auch die Kleinsten ihre Gefühle ausdrücken.

Hilfreich ist es auch, wenn die Menschen im Umfeld des Kindes wie Verwandte, Lehrer und Freunde Bescheid wissen. Bitten Sie um Verständnis und Unterstützung für das trauernde Kind. Versuchen Sie nicht, den verstorbenen Hund sofort durch einen neuen zu ersetzen, in der Hoffnung, den Schmerz Ihres Kindes zu lindern, sondern warten Sie, bis Ihr Kind von sich aus diesen Wunsch äußert. Kinder sind oft gar nicht so schnell bereit dazu, einen neuen Hund in ihr Herz zu schließen.

Die Regenbogenbrücke

Ich habe meinem Sohn, als er klein war und unser Foxi starb, die Geschichte von der Regenbogenbrücke vorgelesen, die ich Ihnen gern als Abschluss dieses Buches mitgeben möchte:

Die Regenbogenbrücke

Eine Brücke verbindet Himmel und Erde.
Wegen der vielen Farben nennt man sie die Brücke des Regenbogens.

Auf jener Seite der Brücke liegt ein Land mit Wiesen, Hügeln und saftigem
grünen Gras. Wenn ein geliebtes Tier auf der Erde für immer eingeschlafen ist,
geht es zu diesem wunderschönen Ort. Dort gibt es immer etwas zu fressen und zu
trinken, und es herrscht warmes schönes Frühlingswetter.

Die alten und kranken Tiere sind wieder jung und gesund. Sie spielen den
ganzen Tag zusammen. Sie haben keine Zeit, sich einsam zu fühlen.

Sie vermissen dich, aber mit der besonderen Weisheit, die Tiere haben,
vertrauen sie darauf, dass sich dieser Zustand bald ändern wird. Und während sie
sich vergnügen, warten sie voll Vertrauen.

So rennen und spielen sie jeden Tag zusammen, bis eines Tages plötzlich eines
der Tiere innehält und aufsieht. Die Nase bebt, die Ohren stellen sich auf, und die
Augen werden ganz groß! Plötzlich rennt es aus der Gruppe heraus und fliegt
über das grüne Gras. Die Füße tragen es schneller und schneller.
Es hat dich gesehen.

Und wenn du und dein Liebling euch trefft, nimmst du ihn in deine Arme und
hältst ihn fest. Dein Gesicht wird geküsst, wieder und wieder,
und du schaust endlich glücklich in die Augen deines geliebten Tieres,
das so lange aus deinem Leben verschwunden war, aber nie aus deinem Herzen.
Ihr wisst beide, dass jetzt alles in Ordnung ist.

Dann überschreitet ihr gemeinsam die Brücke des Regenbogens,
und ihr werdet nie wieder getrennt sein …

Verfasser unbekannt

Zum Abschluss

Es ist vollbracht! Bisher konnte ich Eltern und Kinder nur vor Ort und im Rahmen von Kursen in meiner Hundeschule im Umgang mit Hunden unterstützen. Mit diesem Buch ist es mir nun möglich, meine Erfahrungen mit weitaus mehr Menschen zu teilen.

Schön, wenn es Ihnen eine Unterstützung dabei war, Ihrem Kind mehr Verständnis für Hunde und damit einen sicheren Umgang mit ihnen zu vermitteln, und wenn es einen Teil dazu beigetragen hat, dass Kind und Hund nun ein tolles Team sind.

Ganz besonders freuen würde ich mich über Resonanzen zu meinem Buch, und gern beantworte ich auch Ihre Fragen. Sie erreichen mich unter info@spirits-of-life.at.

Nun wünsche ich Ihnen viel Freude und viel Erfolg mit diesem Buch und allen Kindern viele schöne Stunden mit ihrem wunderbaren vierbeinigen Freund.

Danke

Mein erstes Buch! Es war eine wunderschöne Erfahrung für mich, und es hat mir viel Freude bereitet. Für meinen Mann Georg, meinen Sohn Lukas und auch für meine beiden Golden-Retriever-Rüden Apollo und Zeus war es eine harte Zeit. Meine Gedanken drehten sich nur ums Schreiben, sodass ich oft auch nachts aufwachte, weil ich eine Idee hatte, die ich sofort niederschreiben musste. Euch gilt mein besonderer Dank. Ohne euer Verständnis und eure Unterstützung wäre es nicht möglich gewesen, dieses Buch zu schreiben.

Danke auch allen Hunden, die mit mir mein Leben geteilt haben, aber auch denjenigen, die ich nur für kurze Zeit begleiten durfte. Durch euch alle habe ich so viel über das wunderbare Lebewesen Hund gelernt.

Dagmar Cutka mit ihren beiden Golden Retrievern Apollo und Zeus.

Danken möchte ich auch:

der Fotografin Christiane Slawik: Liebe Christiane, du hast es durch deine fantastischen Fotos geschafft, dieses Buch lebendig werden zu lassen. Wir haben die Zeit, die du mit deinem Mann Thomas bei uns verbracht hast, sehr genossen;

meiner Lektorin Maren Müller: Liebe Maren, du bist mir immer mit Rat und Tat zur Seite gestanden und hast mir immer wieder Mut gemacht, wenn ich mal am Zweifeln war.

Vielen, vielen Dank auch den mitwirkenden Kindern:

Daniel, David, Fabian, Jan, Jan, Jaqueline, Mariella, Marlies, Maximilian, Mia-Anna, Moritz und Raoul.

Und den Hunden:

Angelo, Balou, Blaze, Cowboy, Daika, Gustav, Mori, Shiva, Sidney, Siri, Sweety, Tigger, Velvet und Yuki, die trotz des anstrengenden Fotoshootings alles gegeben haben.

Über die Autorin

Dagmar Cutka lebt mit ihrer Familie und ihren beiden Hunden in Niederösterreich. Als zertifizierte European-Dog-Trainerin führt sie dort gemeinsam mit ihrem Mann die Hundeschule Spirits of Life. Ihre Schwerpunkte sind die Thematik Kind und Hund und die Verhaltenstherapie für Hunde.

In ihrer Hundeschule bietet sie Kurse für Kind und Hund an, sie berät Familien vor Ort und besucht mit ihren Hunden Schulen und Kindergärten. In speziellen Trainingsstunden hilft sie Kindern dabei, ihre Angst vor Hunden zu bewältigen. Kindern den richtigen Umgang mit und ein besseres Verständnis für Hunde zu vermitteln ist ihr ein ganz besonderes Anliegen.

Anhang

Literatur

Beckmann, Gudrun:
Welcher Hund passt zu mir?
Der Ratgeber vor dem Hundekauf
Brunsbek: Cadmos, 1999

Hense, Maria/Sondermann, Christina:
Spiele für die Hundestunde
Mit Spaß und Erfolg zur
Alltagstauglichkeit
Brunsbek: Cadmos, 2007

Lehari, Dr. Gabriele:
Das Welpenhandbuch
Auswahl, Ernährung, Erziehung
Brunsbek: Cadmos, 2008

Sondermann, Christina:
Das große Spielebuch für Hunde
Beschäftigungsideen – Spaß im
Hundealltag
Brunsbek: Cadmos, 2005

Thiele, Sabine:
So werden Sie ein Dreamteam
Die wichtigsten Fragen und Antworten
für Hundebesitzer
Brunsbek: Cadmos, 2008

Zaitz, Manuela:
Trickschule für Hunde
Kunststücke leicht erlernen
Brunsbek: Cadmos, 2007

Zaitz, Manuela:
Neues aus der Trickschule für Hunde
Gute Ideen und spannende Beschäftigung
Brunsbek: Cadmos, 2008

Nützliche und interessante Adressen

Dagmar Cutka
Spirits of Life – Hundeschule
2440 Gramatneusiedl
ÖSTERREICH
www.spirits-of-life.at
Tel. +43 650 7279969

Hier gibt es Holzspielzeuge
für schlaue Vierbeiner:
www.doggy-shop.at

oder

www.dogtower.de

Pet Dog Trainers of Europe
Europäische Vereinigung von
Hundetrainern, zur Förderung einer fairen
und humanen Hundeerziehung
www.pet-dog-trainers-europe.com

Register